Cídar Félix Pinaya Céspedes

EFECTOS SOCIOCULTURALES, ECON. Y AMBIENTALES DE LA CRIANZA DE ANIMALES

Cídar Félix Pinaya Céspedes

EFECTOS SOCIOCULTURALES, ECON. Y AMBIENTALES DE LA CRIANZA DE ANIMALES

Estudio de caso del Municipio de Chimoré

Editorial Académica Española

Imprint
Any brand names and product names mentioned in this book are subject to trademark, brand or patent protection and are trademarks or registered trademarks of their respective holders. The use of brand names, product names, common names, trade names, product descriptions etc. even without a particular marking in this work is in no way to be construed to mean that such names may be regarded as unrestricted in respect of trademark and brand protection legislation and could thus be used by anyone.

Cover image: www.ingimage.com

Publisher:
Editorial Académica Española
is a trademark of
Dodo Books Indian Ocean Ltd. and OmniScriptum S.R.L publishing group

120 High Road, East Finchley, London, N2 9ED, United Kingdom
Str. Armeneasca 28/1, office 1, Chisinau MD-2012, Republic of Moldova, Europe
Managing Directors: Ieva Konstantinova, Victoria Ursu
info@omniscriptum.com

Printed at: see last page
ISBN: 978-620-0-01610-2

EFECTOS SOCIOCULTURALES, ECONÓMICOS Y AMBIENTALES DE LA CRIANZA DE ANIMALES

Estudio de caso del Municipio de Chimoré

Cídar F. Pinaya Céspedes

AGRADECIMIENTOS

Agradezco al Centro Universitario de Excelencia "Agroecología Universidad Cochabamba" (AGRUCO) de la Facultad de Ciencias Agrícolas y Pecuarias de la Universidad Mayor de San Simón de Cochabamba, por su contribución en mi formación profesional.

A mi guía, el Dr. Nelson Tapia Ponce, por su orientación científica para el presente trabajo de investigación.

Al Tecnológico Agropecuario "Canadá" (TAC) de Chimoré, por permitirme realizar cursos de posgrado. A los estudiantes de la Carrera de Veterinaria y Zootecnia; algunos, Encuestadores para el presente trabajo de investigación.

A quienes contribuyeron a hacer realidad el presente trabajo, gracias a todas y todos.

RESUMEN

A través del presente estudio se realiza la descripción y análisis de la crianza de animales, considerando sus efectos socioculturales, económicos y ambientales dentro del Municipio de Chimoré, Provincia Carrasco del Departamento de Cochabamba, Estado Plurinacional de Bolivia; que a su vez, forma parte de la región tropical del Departamento conjuntamente con los municipios de Villa Tunari, Puerto Villarroel, Entre Ríos y Shinahota.

El estudio parte por la descripción de la crianza de animales en los Andes, como parte de la crianza de la vida dentro de la cosmovisión andina. Hace referencia al proceso histórico de colonización del Trópico de Cochabamba; en su primera instancia, por religiosos franciscanos con propósitos de "reducir" a la población, sobre todo yuracareé, al lado de fines económicos de conexión con la región de Moxos; en su segunda instancia, por el flujo migratorio de pobladores de valles y altiplano de Bolivia, apoyados por programas de colonización del gobierno y las iniciativas de crianza de animales como estrategia de sobrevivencia de las familias, dentro de un nuevo escenario geográfico; para finalmente, describir y analizar la crianza de animales dentro del Municipio de Chimoré, más las conclusiones respecto a los efectos socioculturales, económicos y ambientales que influyen en la crianza de animales.

Este estudio refleja la realidad sociocultural, económica y ambiental de la crianza de animales, posee un enfoque integral y participativo.

El diseño metodológico tiene como base la metodología de la Investigación Participativa, dentro de su enfoque de revalorización de aspectos productivos, sociales, culturales, económicos y ambientales bajo métodos y técnicas de investigación, que generan conocimientos con los actores sociales.

En la operativización metodológica se utilizaron las técnicas para la recolección de la información por medio de la entrevista y de la encuesta, que sirvieron como herramientas fundamentales por las características geodemográficas del Municipio de Chimoré.

Palabras clave: Crianza de animales, Cosmovisión, Colonización, Estrategias de sobrevivencia.

SUMMARY

Through the present study, the description and analysis of animal husbandry is carried out, considering its sociocultural, economic and environmental effects within the Municipality of Chimoré, Carrasco Province of the Department of Cochabamba; which, in turn, is part of the tropical region of the Department together with the municipalities of Villa Tunari, Puerto Villarroel, Entre Ríos and Shinahota.

The study begins with the description of the raising of animals in the Andes, as part of the raising of life within the Andean worldview. It refers to the historical process of colonization of the Cochabamba Tropics; in its first instance, by Franciscan religious with the purpose of "reducing" the population, especially Yuracareé, along with economic purposes of connection with the Moxos region; in its second instance, due to the migratory flow of inhabitants of the Bolivian valleys and highlands, supported by government colonization programs and animal husbandry initiatives as a survival strategy for families, within a new geographical scenario; to finally describe and analyze animal husbandry within the Municipality of Chimoré, plus the conclusions regarding the sociocultural, economic and environmental effects that influence animal husbandry.

This study reflects the sociocultural, economic and environmental reality of animal husbandry, it has a comprehensive and participatory approach.

The methodological design is based on the Participatory Research methodology, within its approach to revaluing productive, social, cultural, economic and environmental aspects under research methods and techniques, which generate knowledge with social actors.

In the methodological operationalization, the techniques for the collection of information were used through the interview and the survey, which served as fundamental tools due to the geodemographic characteristics of the Municipality of Chimoré.

Keywords: Animal husbandry, Cosmovision, Colonization, Survival strategies.

ÍNDICE DE CUADROS

ÍNDICE DE GRÁFICOS

ÍNDICE DE FOTOGRAFÍAS

CAPÍTULO I

INTRODUCCIÓN

La agricultura es una de las actividades más antiguas del hombre. Su principal función, en todas las etapas de desarrollo humano[1] y formaciones sociales[2], ha sido la de formar recursos alimenticios, capaces de satisfacer y cubrir los requerimientos nutricionales mínimos del hombre.

La actividad de la crianza de animales está estrechamente relacionada con el proceso de su domesticación[3], donde el hombre, en una etapa determinada de su desarrollo, adapta y transforma algunas especies de animales para su propio uso y beneficio.

Los primeros apuntes sobre la crianza de animales son conocidos desde el período de diez mil años antes de Cristo, desde las zonas montañosas del Asia occidental. Época que fue denominada período de la *"agricultura primitiva"* (aproximadamente unos ocho mil años antes de Cristo) y donde fueron domesticados el perro y el cerdo salvaje. Los factores importantes que influyeron en el desarrollo de la crianza de animales fueron: el medio ambiente, el clima, la resistencia de cada una de las especies de animales y la distribución geográfica.

Las nociones de desarrollo en general y en particular, las vinculadas a las técnicas modernas de crianza de animales, se han realizado subordinando al crecimiento económico. Se ha buscado con el *"desarrollo"* el mero incremento económico y de productos, la obtención de beneficios e incluso la obtención de poder a través de la tenencia en cantidades de tierras y animales; olvidando, el servicio por el hombre y por sus necesidades fundamentales.

---

[1] Llamamos desarrollo humano a la evolución del ser hombre desde su concepción y nacimiento hasta su muerte. Se suelen diferenciar siete etapas o fases de crecimiento en la vida del ser humano empezando desde la concepción hasta su fallecimiento.

[2] Término con el que se designa, en el marxismo, el conjunto de los elementos que configuran una sociedad, en un momento determinado de su desarrollo histórico (tanto los elementos relacionados con la producción, como los elementos jurídico-políticos e ideológicos).

[3] *"La domesticación es un proceso mediante el cual una población animal se adapta al hombre y a una situación de cautividad a través de una serie de modificaciones genéticas que suceden en el curso de generaciones y a través de una serie de procesos de adaptación producidos por el ambiente y repetidos por generaciones"* (Price, 2002).

El conjunto de opciones de manejo y crianza de animales domésticos desarrollados por la ciencia de la Zootecnia en países industrializados, ha servido de modelo por instituciones de *"desarrollo"* para el área rural de Bolivia; e incluso, hubo a quienes les causaba sorpresa el trabajo por la diversificación y multiplicación de recursos alimenticios, sobre una dieta basada en carbohidratos del campo: *"¿Estás diciendo que la gente necesita alimentos?"* (Padre Rafael Garcia Mora, de España y Director de CIPCA Cochabamba[4]).

Esta técnica de crianza de animales domésticos, donde predominan la especialización intensiva en una determinada dirección productiva; donde modifica el medio ambiente, adaptando grandes espacios para instalaciones y equipos; donde existe el dominio de la genética aplicada que fabrica animales y donde prevalece la creencia equivocada de que los animales *"mejorados"* son superiores a los *"criollos"*, no pueden darse en nuestro medio.

Los animales del lugar, que se adaptaron a condiciones adversas del medio geográfico, han desarrollado características de subsistencia que les permiten producir en condiciones de una alimentación pobre e irregular. No se debe declarar *"mejor"* a un animal sin antes preguntarnos ¿Dónde es mejor? y ¿para qué se utiliza ese animal?

Se debe dejar la idea equivocada de pensar en mejorar el nivel de vida del habitante del campo, con la adaptación de razas especializadas, importadas de otros países. El desarrollo de la Zootecnia en Bolivia debe partir de propias potencialidades, de reales posibilidades y de poner la profesión al servicio del hombre y de sus necesidades. Los sistemas tradicionales de producción agropecuaria y los conocimientos locales no sólo deben ser revalorados; sino, también estudiados y practicados.

El presente trabajo, realiza la descripción y análisis de la crianza de animales, considerando además los efectos socioculturales, económicos y ambientales dentro del Municipio de Chimoré, como aporte a la zootecnia campesina.

---

[4] El Centro de Investigación y Promoción del Campesinado (CIPCA) tiene como propósito "buscar los caminos más eficaces para que los campesinos de Bolivia encuentren cauces propios para su desarrollo estructural y su integración en el país". CIPCA empezó como una organización dependiente de la Compañía de Jesús y actualmente, cuenta con una oficina de dirección general en La Paz, y siete oficinas regionales distribuidas por Bolivia.

1.1. Objetivos

1.1.1. Objetivo general

El objetivo general del presente trabajo de investigación consiste en describir y analizar los efectos socio-culturales, económicos y ambientales de la crianza de animales en el Municipio de Chimoré.

1.1.2. Objetivos específicos

Los llamados clásicos objetivos específicos de la investigación, que deben ser verificados a través del establecimiento de suposiciones en función del trabajo de gabinete, de campo y que persiguen acciones concretas para la solución del problema, son los siguientes:

- Describir y analizar los efectos socio-culturales de la crianza de animales en el Municipio de Chimoré.

- Describir y analizar los efectos económicos de la crianza de animales en el Municipio de Chimoré.

- Describir y analizar los efectos ambientales de la crianza de animales en el Municipio de chimoré.

CAPÍTULO II

MARCO TEÓRICO

2.1. Concepción de la crianza de animales en los Andes

2.1.1. Espacio geográfico

La más importante organización social que encontraron los conquistadores españoles en 1532 en el Nuevo Mundo, una de las que había logrado mayor grado de desarrollo y centralizado en forma de Imperio, fue la de los Incas, conocida con el nombre de Tahuantinsuyu, región de los cuatro Antis o *"tierra de las cuatro partes"*.

Los cuatro Suyus[5] (Chinchaysuyu Chinchaysuyo (NO) Región del tigrillo, Antisuyu (NE) Región del jaguar, Collasuyu (SE) Región de la llama y Contisuyu (O) Región del cóndor), en su conjunto se extendían a lo largo de más de 2.000.000 km2 y con una población de más de 20 millones de habitantes y una extensión lineal mayor a los 4.300 km, que llegaron a abarcar, en su período de apogeo (hacia 1532), parte de las actuales Repúblicas de Colombia, Ecuador, Perú, Bolivia, Chile y Argentina. Poseían aproximadamente 9.000 km de costa en el Océano Pacífico.

Hacia el norte, el Imperio Incaico se extendía hasta el río Ancasmayo, al norte de la actual ciudad de Pasto (Colombia). En Ecuador, llegaron a abarcar una zona que incluía las actuales ciudades de Quito, Guayaquil, Manta, Esmeraldas, Ambato.

Hacia el noreste, se extendía hasta la selva amazónica de las actuales Repúblicas de Perú y Bolivia. Son muy poco nítidos sus límites con ésta, debido a las esporádicas expediciones de exploración de la selva por parte de los habitantes del imperio, por la gran cantidad de enfermedades y el miedo que poseían a esas zonas; pero, se sabe que dominaban las actuales ciudades de Potosí, Oruro, La Paz y Curva en Bolivia y prácticamente toda la sierra peruana.

---

[5] Del Runa simi (quechua) Suyu, que significa parcialidad o región.

Hacia el sureste, el Imperio Incaico llegó a cruzar la cordillera de los Andes, llegando un tanto más allá de lo que ahora se conoce como las ciudades de Salta y Tucumán en Argentina. El territorio inca de la actual Argentina, conformó una zona especial que se denominó Tucma o Tucumán, que abarcaba las actuales Provincias de La Rioja, Catamarca, Tucumán, Salta y Jujuy.

Hacia el sur, existen pruebas de que el Imperio Incaico llegó a abarcar hasta el desierto de Atacama, en dominio efectivo pero con avanzadas hasta el río Maule, donde debido a la resistencia mapuche[6] no pudo seguir avanzando.

Hacia el oeste, si bien el Imperio Incaico limitaba con el Océano Pacífico, hay quienes argumentan que los Incas llegaron a mantener, a pesar de las limitaciones navales de la época, cierta relación comercial con algún pueblo de la lejana Polinesia (Oceanía), aunque actualmente se desconoce que pueblo sería éste[7].

Esta es la descripción geográfica, de uno de los más importantes Imperios del continente americano, que cayera a manos de 168 españoles acompañados de 27 caballos comandados por Francisco Pizarro, un 16 de noviembre de 1532, con la captura de Atahuallpa en Cajamarca, Perú.

2.1.2. Crianza de animales en los Andes

Los animales domésticos criados en la zona andina desde tiempos precolombinos, fueron principalmente los camélidos. La crianza de camélidos en los Andes surge desde tiempos de los aymaras, *"que originalmente ocuparon todo el espacio comprendido entre el Perú central y el suroeste de Bolivia"* (Troll y Brush, 1987). Los Incas lo llevaron al apogeo

---

[6] El pueblo mapuche (mapu= tierra, che=gente) es uno de los tantos grupos americanos, que han conservado más fuertemente sus creencias, costumbres e identidad.Habitaban, a la llegada de los españoles un enorme territorio desde los valles al norte de lo que hoy es la capital de Chile, Santiago, hasta donde comienzan las islas del Sur, el Archipiélago de Chiloé.

[7] El etnólogo noruego Thor Heyerdahl para demostrar la posibilidad de viajes prehistóricos desde Sudamérica con técnicas navales sencillas, durante sus trabajos en la Polinesia, había encontrado muchas similitudes en distintos aspectos de culturas separadas por el Pacífico. Llamó a la embarcación Kon Tiki mezclando dos tradiciones: la de Con-Ticci-Viracocha, representante del Sol en la Tierra según la leyenda de los indígenas del lago Titicaca, y la historia de Tiki, nombre que la mitología polinesia da al hijo del Sol. La vela llevaba pintada la cabeza del Rey-Sol según el modelo que se conserva en las ruinas de la ciudad de Tiahuanaco. Su teoría de la migración no quedó demostrada; pero, si probó las sorprendentes cualidades de las embarcaciones de junco (Viajeros antiguos, 2010).

gracias a su organización social y legislación. Aplicaban la selección, caza, crianza e industrialización.

La actividad ganadera dependió del uso de herramientas como piedras, *kuchillu*, hachas que fueron de piedra o bronce[8] y las sogas, que eran elaboradas en tiempos de ocio. Muchas de estas herramientas sirvieron para esquilar a los camélidos, luego ponerlos en libertad; de ésta manera se aseguraba su cantidad.

Los camélidos sudamericanos: llama, alpaca, guanaco y vicuña, en proceso evolutivo se establecieron en Sur América. Los camélidos evolucionaron desde formas primitivas. En principio estos animales fueron pequeños y livianos, con extremidades fuertes y delgadas, características de animales corredores (Cardozo, 1975).

Los camélidos han debido huir permanentemente de sus depredadores, incluso del hombre; así lo demuestran las vicuñas y los guanacos, que además son evasivos y tímidos (Cardozo, 1954).

La existencia de la llama (*Lama glama L.*), se remonta hace diez mil años y fueron domesticadas hace cuatro a cuatro mil quinientos años antes de Cristo. Desde aquella época, la ecología andina ha variado, pese a que la llama ha venido a ser la más resistente a los cambios de su ecosistema. La llama se ha refugiado más en el área boliviana que en otras zonas (Cardozo, 1954).

Actualmente vive en la zona árida a una altura de 3.333 msnm en promedio, con una mínima de 3.700 metros y una máxima de 4.100 msnm con temperaturas de 14 grados centígrados a 22 grados centígrados, zonas de vegetación variada, predominando la paja brava (S*tipa ichu*) y thola (*Senecio graveolens*) (Cardozo, 1954).

Los recursos proporcionados por la llama fueron utilizados al máximo. Así, su lana era hilada para transformarla en ropa para la gente de la sierra; puesto que, los pobladores de la costa utilizaban el algodón para confeccionar sus vestimentas. Su carne era consumida

---

[8] Los artesanos incas utilizaron intensivamente el bronce (aleación de cobre y estaño) como principal material en la manufactura de los objetos utilitarios y militares. El oro y la plata, por otra parte, fueron utilizados para la confección de objetos rituales (figurinas zoomorfas). Los metales fueron fundidos en pequeños hornos de barro conocidos como *huairas* (viento, en quechua), que eran los hornos de fundición del antiguo Perú.

tanto fresca como secada al sol y deshidratada (*charqui*), éste último permitía su conservación y almacenamiento en depósitos. Además, las llamas eran sangradas por la vena yugular del cuello para, preparar una comida especial con la sangre (*morsilla*) (Cardozo, 1954).

Los cueros eran utilizados para preparar cuerdas, sandalias y otros objetos, mientras que su excremento seco era un excelente combustible (*takia*), particularmente en las alturas donde no había árboles para conseguir leña. Tal vez uno de los usos más apreciados de la llama fue el de bestia de carga, ya que podía acarrear hasta 40 kilos de peso y desplazarse fácilmente por las alturas más empinadas. El mantenimiento de los animales no era difícil, en vista de que no se les proporcionaba otro forraje que los pastos encontrados en la ruta (Cardozo, 1954).

En el caso de la alpaca (*Lama pacos, Muller*), su domesticación fue posterior, podría decirse alrededor de los quinientos años antes de Cristo (Cardozo, 1975) y su propagación fue restringida, recién al incrementarse la industria textil incaica. La altura en la que se cría, en promedio es de 4.493 msnm con una máxima de 4.280. Cardozo, considera que las alturas de 4.370 a 4.800 msnm serían ideales, tomando en cuenta las temperaturas fluctuantes de 15 a 17 grados centígrados (Cardozo, 1954).

La alpaca, proporcionaba básicamente su lana, de calidad inferior a la de la vicuña, para los tejidos más finos y lujosos. Los pastizales necesarios para su crianza siguieron pautas similares a las de la tenencia de la tierra agrícola. Los *ayllus* disponían de pastos para sus animales, al igual que los curacas, los grandes señores de las macroetnias, las *huacas* y los pastos especiales del Inca (Cardozo, 1954).

Tanto las investigaciones arqueológicas como los documentos de archivos refieren la existencia de hatos de camélidos en la costa mucho antes de la conquista inca: desde la época precerámica. Estos debieron alimentarse en la región de hierbas y arbustos y en los bosques de algarrobales que hoy se encuentran casi totalmente depredados. Cuando las hierbas y arbustos se secaban, los animales se alimentaban con las vainas de los algarrobos (*Prosopis alba*) (Cardozo, 1954).

La vicuña (*vicugna vicugna L.*) es la última especie que se estabiliza en los últimos periodos de la era cuaternaria. Su forma de vida es silvestre, muy libre, arisca y polígama, es decir un macho esta siempre entre 4 a 10 hembras como promedio (Cardozo, 1954).

La vicuña suministra el pelo más fino de todos los camélidos, razón por lo que es perseguida por el hombre, debido a ello, se encuentra en peligro de extinción. La vicuña no está domesticada, es un animal de carrera, es de un hábito social, porque vive en grupos de 10 a 31 hembras por macho. El macho es quien elige, dirige y controla su nicho de pastoreo, además vigila la seguridad de la tropa (Cardozo, 1954).

En Bolivia vive en zonas con alturas de 4.800 metros de altura, es muy estacional, porque cambia su hábitat durante las estaciones; es decir, busca climas fríos en invierno y calurosos en verano (Cardozo, 1954). La temperatura para su vida fluctúa de cero grados centígrados a 4 grados centígrados y nunca supera los 10 grados centígrados (Cardozo, 1954). Bajo estas condiciones se encuentra en el país en ecosistemas de una extensión aproximada de 21.375 kilómetros cuadrados.

La vicuña y el guanaco no habían sido domesticados en la época de los incas. Los Cronistas afirman que a las vicuñas nunca se les daba muerte. De ellas se buscaba obtener su lana que era muy apreciada. La ropa del Inca y la que sería destinada a las ofrendas, se confeccionaba de esta lana. Era cazada mediante los chacos (cacerías colectivas) para ser esquiladas y luego puestas en libertad; así se aseguraban que su cantidad se mantuviese. Los guanacos en cambio, eran cazados por su carne, que era muy apreciada.

Guanaco (*Lama glama guanicoe Muller, 1776 s. Lama guanicoe*), el camélido más difundido en términos geográficos, puesto que se le encontraba desde los ámbitos sudecuatoriales hasta Tierra del Fuego. Sobre los guanacos, señala el Cronista Pedro Cieza de León[9] se cazaba para hacer *charqui*, que era almacenado en los depósitos para alimentar al ejército. Eran cazados por su carne, al ser esta muy apreciada.

---

[9] Pedro Cieza de León (1520 – 1554), Cronista del Perú, se traladadó al Nuevo Continente en 1535. Viajó por Colombia, Perú y Bolivia. En 1553 publicó su obra *"Crónica del Perú"*.

2.1.3. Crianza de otros animales

Los animales domesticados en el incanato fueron principalmente los camélidos. También domesticaron al cuy (*Cavia porcellus*) o cobaya. Aunque no se han encontrado muestras significativas de cuy en los Andes, por lo que se cree que su domesticación era menor o en pocas proporciones. Actualmente el cuy forma parte de la dieta de los pueblos andinos. Los patos en el incanato eran criados en casa y se aprovechaban de ellos su carne.

2.1.4. Manejo, consumo y utilidad

Los camélidos conformaban una fuente valiosa de recursos. Su carne se consumía fresca o en *charqui* y *chalona*[10]; con su lana confeccionaban hilos y tejidos; sus huesos, cuero, grasa y excrementos tenían aplicaciones diversas como: instrumentos musicales, calzado, medicinas y abono respectivamente. También eran animales preferidos para los sacrificios religiosos.

Los rebaños comunales de camélidos se encontraban al cuidado de jóvenes, cuyas edades fluctuaban entre los doce y dieciseis años. En zonas donde los rebaños comunales eran grandes, como la región del altiplano, donde los pastos estaban lejos, es probable que su cuidado haya estado en manos de un especialista a dedicación exclusiva. Los Cronistas mencionan dos nombres quechuas para los pastores: *llama michi*, que Garcilaso de la Vega[11] asocia con una baja condición social y *llama camayos*, que designaba al cuidador de llamas o empleado responsable de los hatos.

Los pastores estatales respondían por los animales que se encontraban a su cargo, cuya contabilidad y supervisión eran hechas por funcionarios designados por el Estado.

El Cronista José de Acosta[12], menciona que en el antiguo Perú se realizaba la división de los hatos de camélidos según los colores de los animales. Había blancos, negros, pardos y moromoros, como llamaban a los de varios colores. Además, el Cronista decía que los

---

[10] Charqui y chalona. El primero, producto procesado a base de carne (seca y salada). El segundo, producto elaborado a base de carne, consiste en la deshidratación y salado de la carcaza (carne y hueso).

[11] Garcilaso de la Vega (1539 – 1616), escritor, historiador y cronista del Perú, autor de los *"Comentarios Reales de los Incas"*, obra que fue vetada por la Corona española por considerarla sediciosa y peligrosa.

[12] José de Acosta (1539 – 1600), jesuita y antropólogo español, quien desde su viaje al Perú en 1571, realizó importantes misiones en antropología y ciencias naturales. Su fama se debe a su obra "Historia natural y moral de las Indias", Sevilla 1590.

colores se tomaban en cuenta para los diversos sacrificios, de acuerdo con sus tradiciones y creencias. Garcilaso añade que en los rebaños, cuando una cría salía de color distinto, una vez crecida la enviaban al hato que le correspondía. Esta división por tonalidades facilitaba su cuenta en los *quipus*, que se confeccionaban con lana del mismo color que el de los animales que querían contabilizar.

Garci Diez de San Miguel[13], relata que un poblador común, podía poseer hasta mil cabezas de camélidos, mientras que un señor principal podía llegar a tener hasta cincuenta mil. La ganadería ciertamente constituyó una fuente importante de riqueza en los tiempos prehispánicos.

Los Cronistas señalan que se comía la carne de todos los camélidos, pero debido a las restricciones que existían para su matanza su consumo debió haber sido todo un lujo. Probablemente la población tenía acceso a carne fresca, sólo en el ejército o en ocasiones ceremoniales, cuando se hacía una amplia distribución de los animales sacrificados.

En la época de la Colonia, los pastos fueron desapareciendo o empobreciéndose, debido exclusivamente a la presencia masiva de los animales introducidos por los españoles y los hábitos alimenticios que estos tenían. El ambiente andino sufrió un cambio considerable con los animales domésticos que llegaron con la Conquista.

2.1.5. Cultura andina

Cultura es *"todo el conjunto de conocimientos y técnicas que cada grupo posee y que le es necesario para vivir en su ambiente"* (Rocha, 2007).

Cada sociedad posee una cultura y está en las respuetas que generaciones de hombres han dado a los problemas que se les han planteado en el curso de su historia. (Rocha, 2007). A lado de las técnicas, cada sociedad produce comportamientos y pensamientos propios (Rocha, 2007).

---

[13] Garci Diez de San Miguel (¿1520 – 1576?), Cronista del Perú; que elaboró un documento de información demográfica sobre Chucuito (Puno, Perú) el año 1567; considerado el más importante para conocer el altiplano en la segunda mitad del siglo XVI.

Cada cultura tiene una concepción de su realidad y de acuerdo a ella vive, "viendo" y dejando de "ver" determinados aspectos. La concepción que del mundo tienen, se ha desarrollado a través de un prolongado proceso de interacciones entre las etnias y el medio natural, que les sirve de sustento para su persistencia y reproducción. Como cada etnia y el medio natural que habitan, tienen características que las diferencian de otras; el resultado de sus interacciones también es diferente, estas diferencias son las que tipifican a cada cultura.

La cultura andina, es la cultura de un mundo vivo y vivificante, late al ritmo de los ciclos cósmicos y de los ciclos telúricos, que es el ritmo de la vida: su tiempo, por tanto, es cíclico. Sin embargo, las ceremonias del calendario ritual andino son momentos de conversación íntima con tales ciclos, en los que no se repite un arquetipo, sino que se sintoniza la situación peculiar. En los Andes, el clima, que es la manera de mostrarse de los ciclos cósmicos y telúricos, es sumamente variable e irregular.

En la cultura andina, la forma del mundo no ocurre en el tiempo y el espacio. Aquí la vida ocurre en el *Pacha*[14] que podría, si se quiere, incluir al tiempo y al espacio, pero antes de toda separación y que podría, también si se quiere, significar cosmos o mundo para el modo de ser de Occidente; sin embargo el *Pacha*, es más bien, el micro-cosmos, el lugar particular y específico en que uno vive. Es la porción de la comunidad de la *sallga* o naturaleza en la que habita una comunidad humana, criando y dejándose criar, al amparo de un cerro tutelar o *Apu* que es miembro de la comunidad de *huacas* o deidades. Es decir, *Pacha* es la colectividad natural local; que, como todo en el mundo andino, se re-crea continuamente.

2.1.6. Tiempo y espacio

"El tiempo no es un proceso lineal desde el principio al final, sino un proceso espiral. El desarrollo es percibido como el *"devenir"*, es el movimiento desde el centro hasta la periferia. En el momento en que surgen obstáculos, el movimiento retornará a su origen, a las fuentes de conocimiento y a las estrategias de sobreviviencia que han sido comprobadas en el pasado, esta es una fase de envolvimiento...". "De esta manera, en la noción de la

---

[14] Para el pueblo andino, el mundo es percibido en 3 espacios o niveles llamados Pacha: Hanan Pacha (en aymara Alaj Pacha), el mundo de arriba o el cielo; Kay Pacha (en aymara Aka Pacha), el mundo real en el que vivimos y Uk'u Pacha (en aymara Mankha Pacha), es el mundo de abajo o del subsuelo.

gente andina, el futuro esta detrás de nosotros y el pasado esta frente nuestro,.." (Rist, San Martin y Tapia, 2007).

Es obvio que el *"tiempo"* andino no es el tiempo lineal e irreversible del Occidente moderno, que se inicia cuando Jehová-Dios crea el universo y termina con el fin del mundo; en el que continuamente se cancela al pasado con el ansia de proyectar lo que se va a vivir en el futuro y de esta manera se escamotea el presente y con ello, la vida. El *"presente"* en el mundo vivo andino se re-crea, se re-nueva, por digestión del *"pasado"*, es decir, por inclusión del *"pasado"*. Pero, a la vez, la cultura andina es capaz de saber continuamente cómo se va a presentar el *"futuro"* por la participación de todos los miembros de la colectividad natural en la conversación cósmico-telúrica propia del mundo vivo. En los Andes, no hay una distinción tajante y cancelatoria entre *"pasado"* y *"futuro"*, porque el *"presente"* los contiene a ambos.

Por tanto, no hay lugar aquí para el tiempo lineal e irreversible del Occidente moderno. En los Andes, desde luego, existe la noción de secuencia, las nociones de antes y después, pero ellas, no se oponen como pasado y futuro en la cultura occidental, sino que se encuentran albergadas en el "presente", en el "presente de siempre", en *"lo de siempre"* siempre re-creado, siempre renovado. Es que en los Andes vivimos en un mundo vivo, no en el mundo- reloj de occidente.

Por ello, el sacerdote andino, dentro de una ceremonia ritual, puede remontarse al "pasado" en miles de años y ver hoy, en pleno funcionamiento ritual, una *huaca* y participar activamente en dicho acto: de esta manera incluye el "pasado" en el "presente". Asimismo, el sacerdote puede, por su capacidad de conversar con todos los componentes del mundo vivo, saber el clima que corresponderá a la campaña agrícola-pastoril venidera y también puede remontarse mas y llegar a saber el clima de las diez próximas campañas; de esta manera, incluye el "futuro" en el "presente" (Enriquez, 2002).

En los Andes Inca, pasado, presente y futuro, antes, ahora y después, no son compartimientos estancos, sino que ellos concurren en el ahora, que por eso mismo es siempre. Siempre re-creado, siempre renovado, siempre novedoso, sin anquilosis[15] alguna. (Enriquez, 2002).

2.1.7. Cosmovisión andina

En la cosmovisión andina; o, lo que es lo mismo, en la concepción e imagen del mundo en la cultura andina, la naturaleza, el mundo y el cosmos son vida y fuente de vida. "Se trata de un mundo – animal" (Grillo, 1990).

Vivir este mundo vivo supone una capacidad de diálogo, un continuo *"estar de acuerdo"* con todos los *"otros seres vivos"*.

En el mundo andino, no solo son seres vivos los hombres, los animales y las plantas; sino, también los suelos, las aguas, los ríos, los cerros, las piedras, los vientos, las nubes, las lluvias y todo cuanto existen.

La cosmovisión andina, se sustenta en la crianza recíproca de la vida (*uyway*); es decir, en la crianza de plantas y animales por parte del poblador andino, para que éstos a su vez le críen.

Por una parte, otra característica de la cosmovisión andina es su inmanencia; esto es, que todo ocurre dentro del mundo-animal. El mundo andino no se proyecta al exterior y no existe algo que actúe, desde fuera, sobre él. Esto implica que en la cultura andina, no exista lo sobrenatural, ni *"el más allá"*, ni lo trascendente. El mundo inmanente andino, es el mundo de la sensibilidad, nada en él escapa a la percepción.

Todo cuanto existe es patente. Todo cuanto existe es evidente. Hasta la "deidad" *Viracocha* es perceptible, es visible. La *Pachamama*, la Madre Tierra, cada año, cada ciclo telúrico, concibe - fecundada por el Sol- y pare un nuevo *Pacha*, (dentro del *Pacha*, a su vez, el agua fecunda a la tierra, y así sucesivamente). Los sacerdotes y las sacerdotisas toman el pulso a la *Pachamama* y palpan el feto durante la gestación, para conocer antes del parto, el carácter de la cría.

---

[15] Anquilosis (del griego αγκυλος, soldadura o atadura) es un término médico para nombrar la disminución de movimiento o falta de movilidad de una articulación debido a fusión total o parcial de los componentes de la articulación.

Por eso pueden saber el clima del año venidero. Pero ellos también, por su conocimiento tan íntimo de la *Pachamama* y del Sol, así como de las circunstancias de su vida, pueden saber incluso el carácter de sus criaturas aún no engendradas.

Por otra parte, se constata que la concepción andina es holista, porque en el mundo – animal, lo que incide en uno de sus órganos, afecta necesariamente al organismo, al ser vivo. El órgano es indesligable del organismo y en el órgano está incluido el organismo. Se trata de un mundo comunitario, de un mundo de amparo, en el que no cabe exclusión alguna. Cada quien, ya sea un hombre, un árbol o una piedra, es tan importante como cualquier otro.

La cultura andina por su comovisión igualitaria, es necesariamente una cultura de diálogo, de reciprocidad y de mutuo respeto de la sociedad para con los otros miembros de la naturaleza.

Dentro de estas relaciones entre la sociedad y la naturaleza, hace 10.000 años se produjo en los Andes la primera y más grande revolución que conocería la historia de la humanidad: La agricultura. Es decir, fue aquí donde apareció por primera vez un paisaje cultural denominado *La Chacra*.

La *chacra* es el ámbito de recreación y enriquecimiento de la vida, en ella se resume y renuevan los elementos que componen el paisaje natural y cultural. La *chacra* (pedazo de tierra cultivada) es una forma de crianza.

En la *chacra* andina no sólo se crían a las plantas y a los animales, considerando como condiciones ya dadas al suelo, al agua y al clima; sino, que en la *chacra* también se crían al suelo, al agua y al clima. Recíprocamente, la *chacra* cría a quienes la crían. Se trata, de una cultura de crianza en un mundo vivo. En los Andes, toda la vida gira alrededor de la crianza de la *chacra*, por eso la cultura andina es agrocéntrica.

Cada uno de los seres que habitan en este mundo vivo andino es equivalente a cualquier otro; esto es, cada quien (ya sea hombre, árbol o piedra) es una persona plena e imprescindible, con su propio e inalienable modo de ser, con su personalidad definida, con su nombre propio, con su responsabilidad específica, en el mantenimiento de la armonía del mundo y es en tal condición de equivalencia que se relaciona con cada uno de los otros.

Otra manifestación de equivalencia en el mundo andino, es que todos tenemos *chacra* y todos pastoreamos un rebaño.

Así como el hombre hace *chacra,* combinando la forma de vida de las plantas, los animales, los suelos, las aguas y los climas que toma de la naturaleza, con la aquiescencia de las *huacas*; del mismo modo, las *huacas* tienen su *chacra* que es la flora de la naturaleza (o la *sallga*) y tienen sus rebaños que son la comunidad humana y la fauna de la *sallga*.

Cultura es ante todo cultivo y en los Andes la agricultura dio lugar al cultivo de la tierra y del hombre. De ahí que la cultura andina sea agrocéntrica.

2.1.8. Criar la vida en la cosmovisión andina

Para los andinos el mundo es una totalidad viva. No se comprende a las partes separadas del todo, cualquier evento se entiende inmerso dentro de los demás y donde cada parte refleja el todo. Este mundo íntegro y vivo es conceptuado como si fuera un animal, semejante a un puma capaz de reaccionar con inusitada fiereza cuando se le agrede. La totalidad es la colectividad natural o *Pacha*; comprende al conjunto de comunidades vivas, diversas y variables, cada una de las cuales a su vez representa al Todo.

Esta totalidad está conformada por la comunidad natural pluriecológica constituida por el suelo, clima, agua, animales, plantas y todo el paisaje en general, por la comunidad humana multiétnica; que comprende a los diferentes pueblos que viven en los Andes y por la comunidad de deidades telúricas y celestes, a quienes se les reconoce el carácter de *Huaca*, de sagrado, en el sentido de tenerles mayor respeto, por haber vivido y visto mucho más y por haber acompañado a nuestros ancestros, porque nos acompañan y acompañarán a los hijos de nuestros hijos.

Estas comunidades se encuentran relacionadas a través de un continuo y activo diálogo de reciprocidad y efectiva redistribución. Cada comunidad es equivalente a cualquier otra; todas tienen el mismo valor, ninguna vale más y por tanto, todas son importantes, merecen respeto y consideración.

En la concepción andina, esto se expresa cuando se reconoce que todo es sagrado, es sagrada la tierra (*Pachamama* = madre tierra, aunque etimológicamente seria tal vez más exacto *"Señora del tiempo y el Espacio"*, los cerros, (*Apus, Achachilas, Huamanís, Auquis*), las estrellas, el sol, la luna, el rayo, las piedras, los muertos, los ríos, lagunas, los seres humanos vivos, los animales y las plantas, no sólo las cultivadas; sino, también las silvestres.

Los miembros de todas estas comunidades forman un *Ayllu* que ocupa un *Pacha* local; es decir, todos son parientes pertenecientes a una misma familia. No sólo son parientes los *runas* sino también los ríos, los cerros, las piedras, las estrellas, los animales y las plantas que se encuentran en el *Pacha* local, acompañando los unos a los otros; todos son personas equivalentes.

El *Ayllu*, se trata del grupo de parentesco. Pero resulta que, bien mirada la cosa, el grupo parental no se reduce al linaje humano, como hasta ahora se había afirmado; sino, que el parentesco y con ello el *Ayllu*, abarca a cada uno de los miembros del *Pacha* local (microcosmos). La familia humana no se diferencia de la gran familia que es el *Ayllu;* sino, que está inmersa en él.

El *Ayllu* es la unión de la comunidad humana, de la comunidad de la *Sallga* y de la comunidad de *huacas* que viven en el *Pacha* local. La unidad parental así constituida, es muy íntima y entrañable. Cuando traemos a la *chacra* una semilla de otro piso ecológico, que ha atraído nuestro afecto y le ofrecemos el mejor de nuestros suelos en el huerto inmediato a nuestra vivienda y la cuidamos con cariño y esmero, ella es ya un miembro de nuestra familia. Se evidencia así, que los cultivos vegetales de nuestra *chacra* son hijos de la familia humana que los cría. Las llamas y alpacas son también hijas de la familia que las pastorea y las cuida.

El mismo hecho de reconocer equivalencia entre todos, hace que cada comunidad y en especial la humana, sienta su insuficiencia para mantenerse ella sola, la integridad de las funciones de la colectividad natural de la cual tenían parte, como un integrante más y no el más importante.

Diálogo y reciprocidad entre comunidades que sienten, que tienen igual valor y que reconocen su insuficiencia, posibilita lograr una armonía con bienestar para todas las comunidades de la naturaleza.

Todos quienes existen en el mundo andino, son como nosotros mismos y son nuestros amigos. Con ellos nos acompañamos, con ellos conversamos. Les contamos lo que nos pasa y nos dan consejos y también ellos nos cuentan lo suyo y confían en nosotros. Tratamos con cada uno de ellos de persona a persona, conversamos con ellos cara a cara.

Todo cuanto existe en el mundo andino es vivo. No sólo el hombre, los animales y las plantas; sino, también las piedras, los ríos, los cerros y todos los demás. En el mundo andino no existe algo inerte, todo es vivo. Igual que nosotros, todos participan en la gran fiesta que es la vida: todos comen, todos duermen, todos danzan, todos cantan, todos viven a plenitud.

En el mundo andino no hay poderosos ni autosuficientes. Todos se necesitan los unos de los otros para vivir. En los Andes, no existe el mundo como totalidad íntegra diferente y diferenciada de sus componentes. Aquí no existen «todos» ni «partes», que tan sólo son abstracciones. Aquí hay simbiosis, que es lo inmediato a la vida. La simbiosis se vive en los Andes en forma de crianza mutua.

En el contexto de la conversación, del diálogo recíproco y del trato cariñoso del pastor andino con su *uywa* y del agricultor con los cultivos de su *chacra*, no tienen lugar las supremacías, las sujeciones dominadoras etnocéntricas, ni posibilidades de depredación irresponsable de la *Pachamama* y su biodiversidad. Todos los seres del *ayllu* o *Pacha*, comparten el don de la vida y por tanto, tienen la misma importancia, derechos y obligaciones respecto a ella. Por este motivo, en el *Kay Pacha*, la depredación irresponsable por los miembros de la comunidad humana, también es severamente castigada.

A partir de este principio, no tiene lugar en el mundo andino la ideología occidental de control y dominio sobre la naturaleza y sus recursos; porque, todos los seres, incluyendo el ser humano, forman parte del medio natural personificado y divinizado en la *Pachamama*, que viene a ser la deidad generosa, madre universal que nutre y da vida a todo cuanto existe, incluyendo la vida del hombre, que depende de ella (Van Kessel, 2002).

Esta forma de ver y concebir el mundo, le da sentido a la crianza de la vida, porque va mucho más allá de los valores económicos y que alcanza el nivel de los valores afectivos, humanos y religiosos. Esta valorización es la que da, en última instancia, sentido y relevancia social a su tecnología y su trabajo técnico (Van Kessel, 2002).

La meta final de la economía de la crianza, no es acumular dinero para adquirir poder y dominio hasta para corromper; sino, por el contrario, es compartir el *sumaq kawsay* (entendida como una vida agradable, armoniosa, vigorosa y sencilla), que viene a ser un estado de plena armonía consigo mismo y con los semejantes (*Runa*), con la naturaleza (*Sallqa*) y con las deidades (*Wak'a*), que además participan en los procesos de distribución y consumo de bienes y servicios; así, como en el esfuerzo comunitario de alimentarse y alimentar a todos los seres vivos, comprometidos con la economía de la crianza mutua.

Una muestra de esta alimentación comunitaria, está relacionada con el destino de la producción agrícola y pecuaria, que no sólo es para la alimentación del hombre y para la reserva de semillas; sino, también para el trueque. Por este motivo, el *sumaq kawsay* para el andino, esta relacionado con la "... armonía cósmica, una triple armonía "ecológica, social y ética"; a la vez, integradora en la *Pacha* (Van Kessel y Enríquez, 2002).

En esta perspectiva, con este anhelo y para esta utopía, se afana el andino cuando se dedica a su diaria labor en la *chacra*. *Sumaq kawsay* es su humilde esperanza y su gran meta, cuando se dedica sin reservas a la crianza de la vida y cuando se siente crecer al dejarse criar por la vida..." (Van Kessel y Enríquez, 2002).

Signos evidentes del *sumaq kawsay;* por un lado, es la multiplicación indefinida de la biodiversidad animal y vegetal en el *Pacha*, por cuanto la diversidad es la expresión de la riqueza de la vida, base de una inmensa belleza (Tamames, 1995) y por otro, de una creciente felicidad del criador y su familia, fundamentada en una vida sencilla, duradera y sostenible; preocupada por satisfacer las necesidades fundamentales de la existencia humana, cotidiana con bienes y servicios elementales, lejos de las agobiantes necesidades ilimitadas de la economía de mercado y de producción de bienes materiales superfluos, que trastorna y rompe la armonía del *Pacha*.

Esta vida *sumaq kawsay*, de criar y hacer crecer armónicamente la diversidad de la vida en el *Pacha*; es decir, la biodiversidad, es la que asegura el camino para incrementar su prestigio; además, de la fuerza suficiente y la satisfacción de las comunidades implicadas en el proceso de la crianza.

La economía andina de crianza, se sustenta en dos pilares fundamentales, estrechamente interrelacionados: la agricultura y la ganadería, que se llevan a cabo en el contexto de la cosmovisión andina descrita líneas arriba. La crianza de plantas y animales es altamente especializada; por este motivo, se ha desarrollado una terminología específica, que demuestra esa característica, la misma que se presenta y describe a continuación.

En la lengua quechua se denomina *uywa* (en singular) a todos los animales criados en la casa o animales domésticos. Otros prefieren denominarlos como *uywasqakuna* (en plural), tal como se precisa en la denominación registrada por Gonzáles (1989). De igual forma se denomina m*ikhuy* (en singular) y *mikhuykuna* (en plural), a todas las plantas cultivadas por el hombre y que están destinadas a favorecer con alimentos de origen vegetal, a las familias criadoras.

La necesaria relación sinérgica entre *uywa* y *mikhuy*, permite la sobrevivencia de las familias comuneras criadoras; por este motivo, no existen familias que sustenten su existencia en la monoproducción; es decir, sólo en la *uywa* y sólo en el *mikuy*, ambos se complementan mutuamente durante el proceso de la crianza, para favorecer a las familias comuneras y a la vez favorecerse asimismo en el proceso de generación de mayor biodiversidad.

De igual forma, la posibilidad de criar predominantemente *uywa* y *mikhuy* depende de la ubicación espacial de las familias criadoras, en el contexto de la diversidad y variabilidad geográfica y climática de la ecorregión andina.

2.1.9. Tecnología agropecuaria andina

El sistema de conocimientos denominado tecnología agropecuaria andina, representado por la domesticación de los animales y las plantas, se encuentra formada por dos dimensiones: La empírica y la simbólica (Enríquez, 2002).

2.1.10. Tecnología empírica andina

La dimensión empírica de la tecnología agropecuaria, es la más conocida y estudiada. En el caso de la tecnología agrícola, esta conformada por las prácticas (formas de hacer surcos, usos de la piedra y del suelo, tipos de semillas, etc.), instrumentos (*chakitaklla* y *rawk'ana*) e infraestructuras agrícolas (canales de riego, andenes, bocatomas, terrazas), que son respetuosas, no violentas ni destructoras de la naturaleza y sus recursos. En el caso de la tecnología pecuaria, aquellas prácticas están relacionadas con la sanidad, el manejo, los pastos, el pastoreo y la dotación de infraestructura pecuaria (cercos, canales de riego para pastos, bofedales, cobertizos, etc.).

2.1.11. Tecnología simbólica andina

La dimensión simbólica de la tecnología agropecuria, conformada por el ritual de producción o ceremonias agropecuarias, es poco conocida, estudiada y aceptada. Se ensayaron varias explicaciones subjetivas al conjunto de la tecnología simbólica andina, considerándola como "brujería", "idolatría", "magia", "paganismo", o simplemente "costumbres mágico-religiosas" (Enriquez, 2002).

Para otros, los ritos y ceremonias están considerados como parte del folklore andino agradable para la vista del turista, pero que no tiene ninguna influencia en el proceso productivo, rechazando el ritual religioso como expresión de un pensamiento primitivo, no compatible con un sistema moderno de producción y con las propuestas de desarrollo (Enriquez, 2002).

Por un lado, desde la perspectiva endógena, es decir desde la cultura andina, la tecnología simbólica, es la expresión del sentido profundo que el hombre andino tiene del trabajo productivo, una práctica que trasciende el nivel de los valores económicos y le da un sentido motivador profundo a su trabajo cotidiano; por tanto, el ritual de producción que es la expresión de la tecnología andina, tiene efectos positivos muy notorios, tanto para el buen funcionamiento del sistema de tecnología, como también para el sistema económico andino.

Por otro lado, el ritual de producción, es también un integrador de valores. La explicación sustancial de la funcionalidad del ritual de la producción, viene de la alta sensibilidad del hombre andino para los valores no-materiales de la existencia; sin menospreciar en ningún momento, los valores económicos que le cuesta tanto producir.

El hombre andino, sabe establecer prioridades en la jerarquía de valores, es particularmente sensible a los valores del misterio de la vida, del ser humano y de la naturaleza, al misterio del bien y del mal, del sufrir y de la felicidad. Además, tiene mucha sensibilidad para la relación misteriosa que existe entre su propia existencia y su medio natural.

Teniendo en cuenta esta reflexión de fondo, la tecnología simbólica, que da identidad propia a la tecnología agropecuaria andina y por tanto al desarrollo, se configuró en el marco de una cosmovisión particular, diferente de la cosmovisión europea cristiana, que a partir del fundamento bíblico, generalizó la idea de hacer y producir cosas, de controlar y dominar la naturaleza (Enriquez, 2002).

2.1.12. El discurso tecnológico andino: Uywaña (criar)

En el discurso tecnológico andino, que viene a ser el sustento de la economía andina de crianza, son importantes los términos *uywa* y *mikhuy* que están considerados como *chacra*. La *chacra* es el centro donde se lleva a cabo la crianza, es la extensión de tierra donde el campesino cría con cariño y respeto a las plantas, al suelo, al agua, al microclima y a los animales. En un sentido amplio, la denominación *chacra* se refiere a todo aquello que se cría, así los campesinos dicen que la llama es su *chacra* que camina y de donde cosechan su lana. Nosotros mismos somos la *chacra* de las *wak'a*, quienes nos cuidan, nos enseñan, acompañan y protegen (Valladolid, 1993).

Dentro de la denominación *uywa* considerada como *chacra*, puede haber: *Llama chacra o llama chacrakuna* conforme sugiere la versión de Gonzáles Holguín (Gonzales, 1989). Cuando este autor se refiere a la *llama chacrakuna*, dice: "El ganadero, o el granjero en ganados y no en *chacras*". Puede haber *paqucha chacra*, etc. De igual forma, dentro de lo que es *mikhuy*, que también esta considerado como *chacra*, existe *papa chacra*, *kiwna chacra*, *qañiwa chacra*, etc. Dentro de la cosmovisión andina *uywa* y *mikhuy*, se crían en el contexto del ciclo agropecuario y climático, es decir *uywakun*, que proviene del verbo quechua *uyway* (criar); para que éstos a la vez, críen recíprocamente al hombre.

Cuadro Nro. 1

Comparación entre la cultura andina y occidental moderna

CULTURA ANDINA	CULTURA OCCIDENTAL MODERNA
En la cosmovisión andina la naturaleza, el mundo, el cosmos son vida y fuente de vida. Vivir en este mundo vivo, supone una capacidad de diálogo, un continuo "estar de acuerdo" con todos aquellos "otros seres vivos" Son seres vivos, no solo los hombres, los animales y las plantas, sino también los suelos, las aguas, los ríos, los cerros, las piedras, los vientos, las nubes, las lluvias, los bosques y todo cuento existe. La naturaleza es una "comunidad" de miembros iguales por fraternidad y asociados en simbiosis. La cultura andina, por su cosmovisión igualitaria, es una cultura de diálogo, de reciprocidad y de respeto mutuo de la sociedad con los otros miembros de la naturaleza, de la "comunidad natural"	Para la cosmovisión occidental moderna, el mundo es una creación de su Dios a partir de la nada. En ésta cosmología, el hombre por haber sido creado a imagen y semejanza de Dios, posee también la capacidad de la creación... y a someter a su servicio, al resto de la creación. El resto incluye a la naturaleza y a los hombres no occidentales, que son calificados de infieles, salvajes, atrasados, incultos, subdesarrollados o en desarrollo, por quienes se preocupan en "civilizarlos", "educarlos", por convertirlos y someterlos a la cultura occidental. La naturaleza es explotada, así como la sociedad, para su propio beneficio.

Fuente: Elaborado en base a Grillo, 1990.

De igual forma son importantes los términos: *uriy, miray y wiñay*. El término *uriy* en el proceso de la crianza de la vida, se refiere al hecho de dar los frutos de todos los cultivos (*llapan mikhuykuna urinkama*). Por ejemplo: si se habla de la crianza de la papa, se puede afirmar lo siguiente: *papa urin hallp'a ukhupi* (la papa da frutos o tubérculos dentro de la tierra). En la terminología más específica y especializada, el proceso en el que se lleva a cabo el *papa uriy*, también tiene sus denominaciones específicas, tales como:

- *Papa saphichay* (la papa enraiza)
- *Saphimanta papa muquchakun* (de las raíces se forman nódulos, que son el origen de los tubérculos de la papa).

- *Muqukunamanta, papa wiñayta qallarin* (la papa empieza a crecer de los nódulos).

El término *miray* durante el proceso de la crianza de la vida, se refiere al hecho de producir o reproducirse de las *uywa* o animales domésticos. Por eso se dice *llapan uywakuna mirankama* (todos los animales se reproducen). El *miray,* se da cuando en un rebaño de alpacas por ejemplo, nacen bastantes crías, que vienen a ser la continuidad de la vida; es decir, de la comunidad humana y de los mismos animales.

El término *wiñay* se refiere al hecho de aumentar el tamaño o porte, tanto de las *uywa* como de los *mikhuy*. Por ejemplo, las alpacas crecen (*wiñan*) desde que son crías hasta volverse adultas. De igual forma, la papa como tubérculo crece (*wiñan*) dentro de la tierra, pero su follaje también crece (*wiñan*) sobre la tierra, hacia arriba.

Los términos: *uriy, miray y wiñay* descritos, dentro la concepción andina de la crianza, no tienen el mismo equivalente que en la economía moderna de producción. Los tres términos se refieren a una crianza enraizada en una profunda responsabilidad ante la vida, que el criador andino comparte con el *Pacha*, cuidando comprometidamente la perpetuación de los animales y plantas.

En la economía andina de crianza, es importante también el *allin uyway*, que viene a ser la forma específica en que se lleva a cabo la crianza de plantas y animales. Se refiere a la posibilidad de realizar "la buena crianza" de la *uywa* y el *mikhuy*. Un *allin uyway* de la *uywa* (ganados), tiene como resultado un *allin miray* (buena reproducción de ganados); de igual forma, un *allin uyway* del *mikhuy* (cultivos), tiene como resultado un *allin uriy* (buena producción de cultivos). Sin embargo, el *allin uriy* y el *allin miray*, relacionado con el *uyway*, no son posibles si sólo se siembran los cultivos y se crían los ganados al azar.

2.1.13. Animales y ritos

El hombre andino, está muy conciente de que sus animales son "prestados" y si se descuida y no mantiene buen trato con ellos y con el "prestatario", o sea con las deidades; ellos se podrán enojar y castigar para recuperar los animales.

Por medio del rito, trata de controlar al establecer una relación de reciprocidad con las divinidades. Es el sentido de varios ritos, como por ejemplo el *haywarisqa* o las ofrendas a la *illa*, cuyo acento consiste principalmente en complacer a las deidades, ofreciendoles dones y agradecimientos por los animales recibidos.

La familia organiza fiestas en honor de los animales, es el aspecto principal de algunos ritos, que hacen parte del buen trato para dar a los animales y que permiten reforzar las relaciones de reciprocidad entre la familia y sus animales.

El poblador andino, por el hecho de vivir arraigado a la tierra, contrae una serie de obligaciones rituales con la *Pachamama* que le cobija con su manto, dándole los medios para su subsistencia, conforme a un dicho popular: "Vive en armonía con la naturaleza y recibirás sus dones en forma generosa y abundante"; en efecto, los rituales que el habitante andino realizaba y aún realiza, tiene relación con la naturaleza mistificada, cuyas ceremonias más importantes relacionados con los animales son:

- La *Wilancha*: Sacrificio con animales.
- La *K'illpha*: Marcado de orejas del ganado.

2.1.14. Visión andina de los animales

Tanto el sol como el agua son considerados como fuerzas fertilizadoras que dan vida al universo. Por tanto, *Wiraqochan* no es ni sol ni agua; sino, la fuerza vital que impregna ambos (*wira* quiere decir grasa en quechua y sangre en aymara). En los andes, la sangre y la grasa de los animales (así como de los seres humanos) son las substancias de la vida, en que residen la fuerza vital.

La importancia de la grasa se refleja en el hecho de que, la *wira* de la alpaca o de llama es utilizada en toda ofrenda ritual; puesto que, el camélido es el símbolo del hombre, con quien tiene una relación simbiótica. La llama y la alpaca no pueden vivir sin el hombre; como el hombre andino, tampoco puede vivir sin ellos.

2.1.15. El animal como obsequio

Siendo un obsequio de las deidades, que en cualquier momento pueden recuperarlo, el animal no es realmente propiedad del pastor; esto, lleva a que, se debe cuidarlo bien para no enojar al "prestatario" y no pueda manipularlo antojadizamente.

El hombre andino interpreta la disminución de los rebaños, como un castigo de las deidades, por mal trato de los mismos y como presagio del fin del mundo.

2.1.16. El animal como persona

Al igual que cualquier persona, el animal merece respeto y estima; existe, una relación de reciprocidad entre el hombre y el animal a base de la cual, cada uno resulta beneficiado.

En la concepción occidental, el animal es una máquina, que sirve mientras puede dar una producción óptima y que se bota cuando ya no produce de manera rentable.

2.1.17. El animal como parte de un todo

El animal es parte de su entorno, de su todo, donde se encuentra el rebaño, el medioambiente, lo social, las deidades, los ritos, los aspectos culturales, etc. De esto deriva que, la conducta del pastor frente a los animales no se limita a meros manejos de los mismos; sino, que tiendan a abarcar al conjunto, sea al animal y a su entorno.

Muy diferente es la concepción de la ganadería moderna, que aisla al animal, lo saca de su medio para poder analizarlo, manipularlo y así producir un animal artificial "mejorado", supuestamente válido y económicamente rentable, para cualquier medio natural o social, que debera ser modificado o artificializado para recibirlo. El animal mejorado viene con todo su paquete tecnológico (pastos cultivados, productos veterinarios, etc.) y modelo social de crianza.

2.1.18. El animal como parte de la actividad productiva familiar

Como consecuencia de lo anterior, el animal está ligado a la agricultura. Al optar por alcanzar el autoabastecimiento y la seguridad alimentaria a largo plazo; la familia campesina andina otorga al animal un papel específico dentro de una relación con las demas actividades productivas. Esto tiene otras consecuencias, como la preocupación del hombre andino por mantener e incrementar la variabilidad de las especies, razas y ecotipos de animales, lo que permite una producción más diversificada y la dispersión (o rotación) de los animales en todo el espacio, para utilizar todos los recursos disponibles.

En cambio, al buscar una producción óptima de una determinada mercancía, el ganadero moderno debe especializarse, optando por una estructura de producción exclusivamente pecuaria. Tambien, la concepción moderna de la ganadería, tiende a homogenizar a los animales para especializarlos en un mito de producción y limita el espacio de pastoreo de los animales, a zonas especialmente preparadas para tal efecto (cuando se lleva los forrajes a los establos, para que no salgan los animales).

2.1.19. Sanidad Animal

La sanidad animal está orientada a mantener la salud como equilibrio armonioso entre el hombre, la naturaleza y el animal. Un desequilibrio de estos elementos puede causar la enfermedad. Las familias campesinas, identifican y agrupan a las enfermedades por su causa, entre enfermedades sobrenaturales y enfermedades naturales.

Se distinguen seis tipos de enfermedades sobrenaturales. La primera enfermedad representa un castigo de Dios por alguna mala acción de su dueño, entonces se produce una muerte súbita del animal. Otra razón es por el efecto de una montaña sagrada o *Apu*, cuando el propietario no ha hecho su respectivo "pago".

En consecuencia, la montaña puede mandar una epizootia sobre el ganado. La tercera forma de la enfermedad sobrenatural, es por la influencia de los difuntos en lugares solitarios. Ésto puede afectar a los animales que pastorean en el lugar, produciéndo escozor, hinchazon, heridas y edemas. Además, los animales pueden contraer enfermedades en venganza por conflictos humanos, ocasionados por la mirada nociva de una persona a un animal joven. Ésto es llamado el "mal de ojo".

A veces la enfermedad simplemente es el medio escogido por el animal para seguir a su amo a la muerte; así, puede permanecer con la persona que más lo ha querido y cuidado en la vida. La última forma, que es muy frecuente, son las enfermedades por "mal de aire".

Las familias campesinas diferencian varios tipos de viento, que pueden afectar a todas las especies domésticas a excepción de las llamas, que tienen inmunidad natural a este tipo de enfermedades. Los pobladores explican esta situación, por la inteligencia de la llama, que suele evitar áreas donde ocurren estos fenómenos. Además, por su origen andino, siempre se encuentra en contacto con la *Pachamama* que protege al ganado de este daño.

Existen varios métodos tradicionales para diagnosticar las enfermedades en los animales. Generalmente, se recurre a las personas mayores por su experiencia. Existen dos clases de diagnóstico: Primeramente, la observación directa y los exámenes empíricos, como estado anímico del animal, temperatura, si bota espuma o tiembla, el color y olor de la orina, el olor y consistencia de las heces. El otro tipo de diagnóstico es el que se hace con ayuda de otros elementos como: lectura de la coca, los dueños, acontecimientos extraordinarios o presagios.

Paralelo a la curación orgánica a base de plantas medicinales, minerales y demás productos biológicos, se hacen rituales para suplicar salud a los espíritus en el cerro y a los dioses protectores de la comunidad y del ganado. Para esto, se utilizan dulces, coca, cebo, alcohol, frutas, flores y velas. Hoy, muchas familias han optado por el intercambio de productos veterinarios convensionales, que se encuentran en el mercado (Olivera y Nuñez, 2000).

2.1.20. Crianza y manejo de los animales

En base a los anteriores conceptos, trataremos de entender algunos manejos o momentos de aspectos especiales de relación entre los pastores y los animales:

- Los animales han sido dados a la humanidad por la *Pachamama* a través de los *Apus* de cada lugar, que actuan como intermediarios.

- Los animales estan divididos en dos grandes categorías: Los animales silvestres (*salqa*) y los animales domésticados (*uywa*).

- Los animales domesticados se dividen en animales con lana y sin lana (vacas, caballos, burros, etc.).

- Los animales silvestres pertenecen y forman los rebaños de los *Apus* y les sirven de la misma manera como lo hacen con el hombre o los animales domesticados (por ejemplo, un zorro es el equivalente silvestre del perro y ayuda al *Apu*, en el cuidado de los rebaños).

2.1.21. La crianza recíproca

El proceso de la crianza recíproca, fundamento de la cosmovisión andina, se realiza en el *ayllu* andino, cuyo significado va más allá del grupo humano emparentado; porque, incluye también a la *Pachamama,* a todas sus divinidades y a la naturaleza silvestre circundante; donde, la comunidad andina vive, trabaja, celebra y además convergen las tres comunidades de seres vivos: la *Sallqa* (comunidad de los seres vivientes que pertenecen a la naturaleza silvestre), la *Runa* (comunidad humana) y la w*ak'a* (comunidad de los seres espirituales o divinidades). Estas tres comunidades convergen en la *chacra* andina (*uywa chakra, mikhuy chakra*), que es el centro y el escenario de la vida, el templo del culto andino a la vida.

Se trata entonces de una cosmovisión centrada en la tierra y personificada en la *Pachamama*, la madre universal criadora de la vida, que ha generado a partir de ella, todo cuanto existe en la naturaleza (flora, fauna, piedra, agua, cerros, ríos, sol, luna, estrellas, papa, quinua, alpaca, llama, etc.), como seres orgánicos vivos; porque, tienen vida y las cualidades de una persona.

En este mundo vivo, se establece una relación muy particular del hombre andino mediante su trabajo con el medio natural. En este sentido, al considerarse como hijo de la *Pachamama* y hermano de los animales y plantas, ha desarrollado desde sus ancestros una conciencia de respeto, gratitud y responsabilidad para la biodiversidad; una ética cósmica orientada a compartir y respetar mutua y recíprocamente la vida, que se hace evidente a partir del trato cariñoso y respetuoso, que se dan a las plantas, a los animales silvestres y domésticos y a la misma *Pachamama*, durante el *uyway*; es decir, la crianza de la vida en la *chacra*.

2.1.22. El trato cariñoso y respetuoso

El trato cariñoso y respetuoso, fundamento de la cosmovisión andina, tiene varias características, siendo algunas de ellas las siguientes:

1) Los animales y plantas (silvestres y domésticas) y dentro de ellas las alpacas y las llamas, no son propiedad del hombre. Son animales y plantas transitoriamente prestados por las deidades (*Apu, Pachamama*), para que la comunidad humana pueda sostener sobriamente su existencia en el *Kay Pacha*, en este mundo. Por tanto, el criador andino, no se considera como amo absoluto y propietario de los bienes y servicios.

2) La permanencia de las plantas y animales en poder de la comunidad humana y por tanto su abundancia o escasez y los diversos bienes que puedan brindar, dependen del trato respetuoso y la dedicación del hombre (*runa*) durante el proceso de la crianza.

El buen trato y la dedicación, no solamente implica cumplir con las labores culturales de las plantas y las actividades que demanda la crianza de alpacas y llamas; sino también, cuidarlas diligentemente para que se multipliquen y procreen indefinidamente, por todos los tiempos, haciendo posible la continuidad de la vida, de la comunidad humana que depende de ella; así como, cumplir con la realización constante de ritos y ceremonias propiciatorias de la producción y agradecimiento a la *Pachamama*, la sostenedora fundamental de la vida en este mundo (*Kay Pacha*).

3) Existe una estrecha familiaridad y un encariñamiento entre la familia del criador, con sus animales y plantas. Este encariñamiento se manifiesta en la expresión quechua *munasqata uywakuni* ("los crío queriéndolos mucho y con cariño"). El encariñamiento se manifiesta, porque para el criador y su familia, las plantas y animales no están considerados como "cosas", materia inerte o simples recursos naturales libremente disponibles por el hombre; sino, en la condición de personas y familiares, con derechos y vida propia; por este motivo, no se sienten dueños ni propietarios de ellos.

4) No existe la supremacía antropocéntrica, sino el trato armonizado, igualitario y el diálogo recíproco con la comunidad de las plantas y animales, profundizándose mucho más en los momentos rituales relacionados con la agricultura y la ganadería. Una muestra memorable de la conversación en momentos rituales con los animales, se puede encontrar fundamentada en la historia andina escrita por Guamán Poma de Ayala. Este autor cuando se refiere a la fiesta de los Incas, denominada como *Uaricza araui* (canción de la llama), dice lo siguiente:

> *"...al tono del carnero (llama) cantan. Dice así: con compás muy poco a poco, media hora dice: 'Y, y, y', al tono del carnero. Comienza el Inca como el carnero; dice y está diciendo 'yn'. Lleva ese tono y de ahí comenzando, va diciendo sus coplas. Responde las coyas y ñustas. Cantan en voz alta muy suavemente".* [16] (Guamán Poma de Ayala, 1980)

5) Las plantas y animales, al ser consideradas como personas, conversan, sienten, se quejan, lloran, dan muestras de cariño y odio, alegría y tristeza, crecen, se multiplican y mueren. Por este motivo, está considerado como un delito contra la vida y sancionado moralmente, las acciones orientadas a despreciar y dar mal trato a los animales, las plantas y sus frutos, porque les ocasionan sufrimiento.

En la lengua quechua, existe el término *ñakay*, que quiere decir maldecir. Cuando se constata que alguien golpea y da mal trato a los animales durante el proceso de la crianza, se le dice: *ama uywata maqaychu, ñakasunki* (no le pegues a ese animal, te va a maldecir).

De igual forma, cuando se encuentran tiradas intencionalmente algunas papas, maíz u otro comestible, se dice: *imapaqmi kay mikhuykunata wikch'unku, waqachkankucha* (para que botan estos alimentos, estarán llorando). Nuevamente Guamán Poma de Ayala, proyecta el fundamento histórico de esta tradición a los ancestros, cuando en sus ordenanzas las describe de la siguiente forma:

> *"te mandamos que ninguna persona que no derrame comidas ni papas, ni lo monden la cáscara, porque si tuviese entendimiento, llorarían*

---

[16] Texto corregido en su forma gramática l.

cuando le monda y así no lo monden, so pena que sería castigado" [17] (Guamán Poma de Ayala, 1980).

6) El mal trato a los animales y plantas, tiene consecuencias imprevisibles para la vida del criador, su familia y su comunidad, porque puede disminuir el número de animales, dar muy poco la *chacra* (*pisiyan*) o simplemente pueden perderse (*chinkan*). Pueden generarse conflictos en la familia y la comunidad, entonces se produce el *mucuy*; es decir, el padecimiento de las personas por escasez de alimentos de origen animal y vegetal.

El *muchuy*, es el opuesto complementario de la abundancia (*uriy, miray*) y se manifiesta como consecuencia de graves desórdenes en el *ayllu;* es decir, entre los miembros de la comunidad humana (*runakuna*) y de éstos, con las otras dos comunidades de seres vivos: la *Sallqa* y la *Wak'a*. Esta concepción se sustenta en el hecho de que los animales y plantas, tienen un sinnúmero de nexos vitales internos, con el conjunto de los elementos del *ayllu*.

7) Las plantas y animales, especialmente las alpacas y llamas, al ser criadas en el contexto de un trato cariñoso, armonizado e igualitario con los seres humanos, se crían recíprocamente; es decir, la comunidad humana cría a las plantas y animales, para que éstos a su vez críen a la comunidad humana.

En el caso de la alpaca y el criador alpaquero, esta crianza mutua se manifiesta en el intercambio recíproco de bienes que se pueden describir de la siguiente forma: las alpacas proporcionan carne, fibra y pieles para que el criador alpaquero y su familia puedan vivir en el *Kay Pacha*, comercializando o consumiendo aquello que les proporciona la alpaca, pero a la vez éste y su familia, en reciprocidad, debe preocuparse por darles cuidado, buena alimentación y sanidad, que vienen a ser parte de todos los cuidados que requiere la crianza de la alpaca. En suma, la crianza mutua se manifiesta en la siguiente frase expresada con emoción por Sixto Caxa, un alpaquero de Nuñoa (Melgar, Puno, Perú): *"ambos nos damos la vida"*.

Estas características le dan al proceso de crianza de plantas y animales, una identidad típicamente andina, que está caracterizada como *"crianza de la vida en la chacra"*, más que

---

[17] Texto corregido en su forma gramática.

como proceso productivo o producción de plantas y animales, llevada a cabo autónomamente por el tecnólogo en la cultura occidental moderna. Por este motivo, la *"crianza de la vida en la chacra"*, que implica la intervención del criador andino mediante su trabajo sobre la *Pachamama*, (la tierra que nos brinda sus bondades y sus frutos), esta precedida por un diálogo recíproco y armonioso e intermediado por rituales a la *Pachamama* a las deidades locales (*Apu*), para pedir "permiso".

Sólo después de ganar la voluntad y anuencia de la madre tierra y las deidades locales, se puede "poner la mano sobre la tierra y los animales". Estos rituales y la ética cósmica del criador, demuestran que no se puede intervenir arbitrariamente en el orden cósmico establecido, a cambio de ocasionar desórdenes y desequilibrios, que pueden afectar la salud de las crianzas, la vida de la naturaleza y del hombre mismo.

 En este medio natural de gran densidad, diversidad y variabilidad climática y con suelos de relieve accidentado, tuvo lugar un prolongado proceso de interacciones entre un medio pluriecológico y variable, con las múltiples etnias que aún las habitan. Como consecuencia de ello se desarrolló un modo de "ver" y sobre todo de vivir y sentir el mundo, que si bien es singular en cada lugar, tiene características generales, que en conjunto tipifica este modo de concebir la vida.

2.2. Proceso histórico de la colonización del Trópico de Cochabamba y las iniciativas de crianza de animales

No se conocen exactamente datos sobre la ocupación prehistórica de la zona conocida como Trópico de Cochabamba.

Se han descubierto caminos de piedra que se introducen desde la ceja de la montaña hasta el pie de monte, por los cuales transitaban los habitantes del incario en busca de productos tropicales usados para propósitos alimenticios, rituales y ornamentales.

Luego los españoles que llegaron a Cochabamba hacia 1570, repitieron esta tendencia. El espeso bosque y los caudalosos ríos, hicieron que se olvidaran del lugar, así se constatan en los mapas coloniales de la época, donde la región se describía como "tierra incógnita", un territorio de "naciones infieles" (Rodríguez, 1977).

El Trópico de Cochabamba estaba habitado por grupos étnicos que no eran belicosos, vivían distantes los unos de los otros. Las principales culturas eran los Yuracareés, Yuquis, Chimanes y Trinitarios.

Los yuracareés eran los principales pobladores de la región, junto a las escasas tribus de los chimanes. Los yuquis habitaban la parte noroeste del territorio; es decir, los límites con Santa Cruz y finalmente los trinitarios, que eran inmigrantes de la región del Beni.

Los yuracareés vivían distribuidos en los que actualmente conforman los 4 Departamentos de La Paz, Cochabamba, Santa Cruz y parte del Beni. En su vida natural vivían desnudos, pintados con achiote (*Bixa Orellana L.*) y otros vegetales para protegerse de los mosquitos. El número de yuracareés entonces fluctuaba entre 900 y 1000 habitantes, agrupados en pequeños grupos familiares (El Heraldo, 20 de octubre de 1897).

El nombre de yuracareé, según el Padre José Boria, proviene del quechua *Yurac Karies*, aunque ellos se denominaban Yuruyure (Ribera, 1988) que significaba "habitante poseedor, dueño, señor", etc. Según la descripción realizada por el físico y botánico Tadeo Haenke[18]:

> *"Los hombres son de estatura alta, bien proporcionada, robusta y verdaderamente atlética (...) son de color claro, morenos de ojos, de pelo negro y muy aseados, pues se bañan a todas horas del día en los ríos inmediatos, siendo excelentes nadadores"* (Haenke, 1796).

Las actividades fundamentales del yuracareé fueron la caza, la pesca, la recolección y esporádicamente, un comienzo de la agricultura (Paz, 1989). Los medios que utilizaban para conseguir alimentos eran el arco y la flecha, fabricados con finos acabados de madera Chonta (*Astrocaryum sp*), astillas de Tacuara y tallo de Chuchio, también fabricaban canastos y hamacas, equipaje liviano que les permitía desplazarse libremente por el bosque.

---

[18] Tadeo Haenke (1761 – 1817), naturalista, botánico, zoólogo y geólogo checo que llegó en 1891 a Villa Oropeza, o sea a Cochabamba, donde fijó la base de sus operaciones y expediciones. En 1898 publicó la "Descripción de las montañas habitadas por los indios yuracareés" y en 1900 la "Introducción a la Historia Natural de Cochabamba", ambos trabajos inéditos.

2.2.1. Cosmovisión Yuracareé

Para los pueblos indígenas, el hombre es parte del medio ambiente, no es una realidad separada. Asimismo, el monte, los animales o el río, no son "cosas" sin alma, sino que son parte de un mundo vivo y lleno de significados que muchas veces el hombre de las alturas no entiende ni sospecha.

La visión del mundo de los yuracareés o yuquis está basada en una explotación sostenible de los animales silvestres como de otros recursos naturales. Caso contrario, serían castigados con hambre o peor, con la muerte.

Tampoco se debía maltratar o herir a algún animal, sino el animal se quejaría a su dueño y entonces, el alma se enojaría con el cazador, que puede así enfermarse, o no recibir más animales para cazar. Este respeto tradicional hacia las especies de animales y a la naturaleza en general, les permitía mantener el equilibrio ecológico en la zona.

Existía una relación estrecha entre la naturaleza y la religión en los yuracareés. El yuracareé veía la naturaleza como un sujeto activo, con quien tenía una relación mutua. Progresivamente los yuracareés en su contacto con los comerciantes y con los misioneros mostraron gran interés por las herramientas.

El conocimiento indígena yuracareé, identificó en estos bosques subtropicales, zonas de vida que estaban definidas por el tipo de recursos que había en ellas. Lugares como Eñesama (aguas donde hay Sábalos), Iteramasama (aguas donde hay Ambaibo), Lojojouta (lugar de ranas), Sinaouta (lugar de hormigas) e Isinouta (lugar de rayas) son algunas de las toponimias del Chapare que fueron nombradas por los indígenas y que mencionan características del bosque y las clases de animales que viven en ellos. De esta manera, tenemos el relato de Don Venancio Orozco, de la comunidad de Misiones:

> *"Nuestros abuelos nombraron todos los lugares del Chapare, como ellos*
> *sabían lo que había en cada lugar, por eso le dieron un nombre a cada*
> *bosque. Ellos sabían mucho porque trajinaban por todito el monte, de*
> *un lado a otro se movían, dice que no paraban en un sólo lugar. Los*

antiguos vivían cerca a la montaña, mi abuela me contó que antes no había collas allí y que todo eso era el camino de nuestros antepasados".

Cuadro Nro. 2

Nombre de Localidades actuales en Idioma Yuracareé

Nombre Actual	Idioma	Significado en castellano	Ubicación
Eteramazama	Yuracareé	Río con mucho ambaibo	Chapare
Ivirgarzama	Yuracareé	Río espumoso	Carrasco
Shinahota	Yuracareé	Donde había muchas hormigas	Tiraque
Samusibette	Yuracareé	Tapera del tigre	Chapare
Chimoré	Yuracareé	Donde había puro Almendrillo	Carrasco
Sejseshsama	Yuracareé	Agua Verde	Carrasco

Fuente: Coniyura, 2001.

2.2.2. Las primeras incursiones al Trópico de Cochabamba

Según la historia de la evangelización latinoamericana, las órdenes religiosas de los franciscanos, dominicos, agustinos, mercedarios y jesuitas, fueron las que se preocuparon por llevar las primeras incursiones y habitantes al Trópico de Cochabamba (Ramírez, 1998).

En los primeros años de la evangelización en América; la Iglesia, a través de los religiosos, estableció la *"doctrina"* (parroquia de indios) para moldear cristiana y "humanamente" al indígena y en algunos casos, también para defenderlos.

El proceso de "catequizar" y "civilizar" a los yuracareés, principales pobladores del Trópico de Cochabamba, se inició en 1775 y concluiría en 1918. Los restos de la etnia y de aquellas afortunadas familias que habían permanecido al margen del proceso misional o que habían huido de su presencia, se refugiaron, hasta el día de hoy, entre los ríos Isiboro Sécure.

De esta manera, las órdenes religiosas fueron las primeras interesadas en conquistar el Trópico de Cochabamba, muy posteriormente estaría el Gobierno a través de lo que se conocería como "colonización dirigida" y los colonizadores criollos, a través de la "colonización espontanea".

El año 1754, los Jesuitas intentaron, por poco tiempo, incursiones en tierras yuracareés, pero sin éxito alguno (Kelm, 1983).

A partir del siglo XVIII, los franciscanos se hicieron cargo de las Misiones[19] y encararon la tarea de "Reducir"[20] a los yuracareés. Durante medio siglo los intentos fueron perseverantes, pero los yuracareés se oponían a vivir bajo el estilo de vida de Reducción (Paz, 1989). Durante el transcurso de los años 1780 a 1805 se habían creado 9 Misiones entre los yuracareés, su resistencia y huida al bosque eran comunes en esta época.

Las Misiones se ubicaron centralmente en la ruta de las haciendas. Los misioneros ingresaban al territorio por la región de Arepucho y salían a los ríos San Mateo y Espiritu Santo, en cuyos lugares se encontraban las Reducciones; otras veces en Chimoré, Coni y Chapare (Paz, 1989).

En el siglo XVIII, la acción franciscana estaba estructurada y consolidada en el Alto Perú[21]. Los Colegios Franciscanos de "Propaganda Fide" llegaron a ser centros de evangelización dirigidos a reducir a los indígenas que vivián dispersos y constituidos en centros de evangelización, de enseñanza agrícola, artesanal y en defensa, contra los abusos de encomenderos y esclavistas (Ramírez, 1998).

---

[19] Según la definición del P. Acosta, a fines del siglo XVI, la Misión *"es la primera entrada en un núcleo…"*; por tanto, una tarea de apostulado inicial entre los *"infieles"* (Ramirez, 1998).
[20] La palabra Reducción es de origen latino que emana de la frase "ad ecclesian et vitam civilem essent reducti"; es decir, la iniciación de la población en la vida civil y religosa, según las normas y leyes que imponía la Corona. En una fase posterior, creada por la necesidad de juntar y de concentrar (reducir) a la población que vivía dispersa (Ramírez, 1998).
[21] La primera comunidad franciscana en el Alto Perú se estableció en Chuquisaca, en 1538; luego vinieron la de San Antonio de Potosí, en 1547 y la de Nuestra Señora de La Paz, en 1549 (Ramírez, 1998).

Los Colegios Franciscanos de "Propaganda FIDE" en Bolivia, que asumieron el método de la Reducción destinado a la evangelización de "fieles e infieles", eran 3: El Colegio de "San José" de Tarata, fundado en 1792, destinado a la evangelización de los Yuracareés; el Colegio de Tarija "Nuestra Señora de Los Angeles", fundado en 1755, destinado a la evangelización de los Chiriguanos y el Colegio de Moquegua (al sur del Perú) "Nuestra Señora del Mayor Dolor", fundado en 1795, como hospicio de Tarija. La actividad misionera entre los yuracareés, fue llevada a cabo por los franciscanos recoletos y posteriormente, por los misioneros del Colegio Franciscano de Propaganda Fide de Tarata, entre los años 1773 a 1823.

El camino de Cochabamba a Moxos, que se tenía proyectado desde 1593, habría sido reactivado por el Obispo de Santa Cruz, Francisco Ramón de Herboso y Figueroa (1761-1777), para dar paso a la expedición que salió de Charcas al mando del Jefe Don Juan Pestaña, contra invasores portugueses.

En 1768, cuando se abre la primera senda desde la región de Chapanani hasta el río Chapare, se "descubre" a los yuracareés (Dn. Angel Mariano Moscoso y Pérez, clérico de Tarata menciona que fue en 1768, cuando el Obispo de Santa Cruz, hizo abrir la primera senda).

El Obispo Herboso, en una carta del año 1772, da cuenta del camino desde la Provincia de Cochabamba a las misiones de Moxos, con un mayor grado de avance y en 1773, el parroco de Punata, Manuel Moscoso y Pérez (hermano de Angel Mariano Moscoso) inicia el Plan de Reducción de los yuracareés (Pérez, 1799).

Los hermanos Manuel, clérico de Punata y Angel Mariano Moscoso y Pérez, clérico de Tarata, financiaron la **Primera Entrada** hacia los yuracareés a cargo del P. Fray Marcos de San José de Menendez, religioso recoleto de la orden Franciscana, perteneciente a la Provincia de San Antonio de Charcas.

El 25 de julio de 1775, el P. Marcos Menendez partió con 200 hombres, reabriendo la senda, que había sido abierta 7 años atrás. Durante su recorrido, en el camino se encontró con 5 yuracareés, los cuales le condujeron al pueblo denominado Coni, en las inmediaciones del rió Chapare, donde encontraron a otros 150 yuracareés, quienes los recibieron con amabilidad y les dieron alimentos, producto de la caza y pesca. Después de una estadía de 53 días entre los yuracareés, el P. Menendez regresó a Cochabamba para informar sobre su trabajo y la vivencia con los yuracareés.

En abril de 1776, Fray Menendez junto a 2 nuevos recoletos franciscanos realizó la **Segunda Entrada**. Después de 14 días de recorrido con muchas dificultades y con ayuda de algunos yuracareés, llegó a la región del Coni. Una vez establecidos, levantaron la **Primera Reducción entre los yuracareés**, bajo el nombre de Nuestra Señora de La Asunción, llamada tambien La Asunta.

En 1779, el P. Menendez salió hacia Tarata acompañado por algunos yuracareés, para informar a los hermanos Moscoso (los financiadores) sobre el avance y buen estado de la Reducción de La Asunta, para que siguieran apoyándola económicamente. En Tarata los párrocos aprovecharon para bautizar a los primeros yuracareés que les acompañaban.

En la búsqueda de recursos económicos el P. Menendez recibió de Don Ignacio Flores, quien fuera Gobernador de Moxos en 1779 e interesados por abrir un nuevo camino de Cochabamba a Moxos, en reemplazo de la vía por Santa Cruz, larga y dificultosa, 200 pesos más artesanos que necesitaba. El P. Menendez salío de Chuquisaca por Santa Cruz hacia Moxos y el 4 de octubre de 1779, partía de Moxos a la Reducción de los yuracareés, con 5 artesanos, realizando de ésta manera la **Tercera Entrada.**

En los 13 años de trabajo apostólico, desde el comienzo de la Reducción en 1775, los misioneros vencieron con energía las dificultades geográficas y económicas que se presentaron. Sin embargo, las relaciones con las autoridades civiles y eclesiásticas, presentaron un obstáculo superior a sus esfuerzos personales.

Por considerar infructuoso los intentos de mantener a La Asunta, el P. Menendez decidió regresar al Convento Recoleto de Cochabamba en 1783 (algunos autores señalan que fue en 1788).

En 1784, se produce la **Cuarta Entrada** con el P. Fray Francisco Buyán, quien restablece la Reducción y la traslada entre los rios nombrados San Mateo y Paracti. El establecimiento de la Reducción seguía estrechamente vinculada al interes de abrir el camino de Cochabamba a Moxos. Estos objetivos, movieron en distintas formas a misioneros y autoridades, hacendados y comerciantes, cada grupo con intereses diferentes al de los yuracareés.

El 8 de octubre de 1789, Don Andres del Campo estableció la nueva Reducción denominada San Carlos. En 1793 se erigió la Reducción de San Francisco de Asis del Mamoré, en una de las cabeceras del rió Mamoré, por el P. recoleto Fray Tomas del Santísimo Sacramento y Anaya y el Dr. José Joaquin Velazco. El presbítero Velazco cedió su patrimonio para los gastos de la Reducción. En 1796, el Colegio Franciscano de Propaganda Fide de Tarata se hace cargo de éstas Reducciones.

Paralelamente, otra población yuracareé, ubicada en el Coni, habría mostrado su disposición a reducirse. En 1795, Fray Anaya abandonó la Reducción de San Francisco de Asis junto al cacique yuracareé Poyato, con la finalidad de fundar la Reducción del Coni, dedicado a San Juan Bautista, cerca del sitio abandonado por el P. Menendez. Un dato del archivo franciscano menciona a dicha misión con el nombre de San José del Coni.

El P. Anaya emprendió viaje a la Reducción junto al naturalista Tadeo Haenke, con el encargo de ubicarse a orillas del rió Chimoré. Una vez en la zona, el P. Anaya fijó el establecimiento de la Reducción en el Coni y no en el Chimoré o Cupetine.

Según el parecer de Tadeo Haenke, era un lugar inadecuado para la Reducción yuracareé por tres motivos: 1) su situación geográfica, 2) su corta distancia a la Misión de La Asunta y 3) la Misión no abastecería en proporción ocupada en grandes distancias por los yuracareés.

Después de un año del establecimiento, el 22 de marzo de 1796, el P. Anaya reconoció su error al haberse ubicado en el Coni y se mostró dispuesto a trasladarse a Chimoré.

El Colegio de Propaganda Fide de Tarata, fue fundado con la principal finalidad de evangelizar a los yuracareés por los franciscanos, quienes ingresaron nuevamente en 1796, cuando ya se contaban con 4 Reducciónes: La Asunta, San Juan Bautista del Coni, San Francisco de Asis del Mamoré y San Carlos de Buena Vista.

En 1797, el P. Fray Bernardo Jiménez Bejarano, realizó su segundo ingreso con el propósito de realizar el traslado de la Reducción del Coni hacia el Chimoré. Los yuracareés del Coni, aunque no contentos con el nuevo lugar, se establecieron en la nueva Reducción llamada "San José" del Chimoré. Se construyó la iglesia y las casas para los padres; durante 4 meses sembraron maíz, yuca y otros productos. **El P. Bejarano hizo llevar una buena cantidad de gallinas para la subsistencia, representado ésta situación, el primer reporte e iniciativa de crianza de animales domésticos; sobre todo, animales menores dentro de la jurisdicción de Chimoré.**

El 16 de enero de 1798, la Reducción del Chimoré había sido abandonada al mando del cacique Poyato por varias razones. Poyato informó que luego de cazar o de pescar, los padres les exigían la entrega del pescado y las piezas de la caza bajo amenazas de 25 azotes.

El 17 de julio de 1798, el Intendente Francisco Viedma[22], encomienda a don Juan Ignacio Pérez, visitar las 2 Reducciones: La Asunta y San José de la Vista Alegre del Chimoré, por la huída de los yuracareés. Pérez, ante el informe del cacique Poyato y ante las nuevas condiciones para su retorno a la Reducción, como el de tener cada familia su chaco para sembrar, días libres para buscar sus alimentos y suprimir los castigos de azotes, el 20 de mayo regresa junto a las familias que desertaron la Mision del Chimoré, que se encontraba localizada a 12 leguas[23] de La Asunta y a 55 varas[24] de la orilla de un brazo del río Chimoré.

La Reducción contaba con una casa parroquial, la iglesia y plantaciones de cacao, arroz, plátano, algodón, yuca, piñas y caña. La Reducción estaba conformada por 146 bautizados y 687 neófitos o sea 213 habitantes[25]. El P. Fray Pedro Hernandez era el Responsable de la Reducción.

---

[22] Francisco de Viedma y Narváez (1737 – 1809), marino español explorador de la costa patagónica de Argentina, ejerció el cargo de Gobernador – Intendente de la Provincia de Santa Cruz de la Sierra, que en esa época abarcaba a lo que hoy es el departamento de Cochabamba. En 1788, hizo conocer su Plan con respecto a las Misiones, entre los que se establecía 3 días de trabajo para el cultivo de la tierra, como para el cuidado del ganado, dando cuenta de los frutos que se obtuvieran (Ramirez, 1998).

[23] Medida iteneraria que equivale a 5.572,70 metros.

[24] Medida equivalente a 0,8359 metros.

[25] Los varones mayores estaban divididos en neófitos y en catecúmenos, según su preparación cristiana (Ramírez, 1998)

Don Justo Mariscal, abogado de la Real Audiencia, cura y vicario interino del Beneficio de Tintin (Mizque), a solicitud del Obispo de Tucumán, ingresa al lugar en 1799 para realizar informes sobre la situación de las Reducciones de La Asunta y de San José del Chimoré, **consideró importante establecer una estancia de ganado, porque los yuracareés basaban su alimento en la carne.** Con la crianza de ganado, los yuracareés experimentarían la utilidad de ésta, **se sujetarían a la vida social y a las órdenes de los padres y abandonarían la vida de los montes.** Los yuracareés dieron a conocer 2 lugares apropiados para el ganado que serviría para establecer estancias (Ramírez, 1998).

En 1802, existió el proyecto de abrir un nuevo camino a las Misiones yuracareés, presentado por Dn. Juan Carrillo Albornos, quien fuera comerciante. Según Carrillo el nuevo camino traería una constante y mayor comunicación entre colonos y yuracareés, para que éstos fueran atraídos al cristianismo.

Tadeo Haenke, comisionado por su Majestad, se refirió sobre el camino así:

> *"En cuanto a las Misiones la del Chimoré jamás debe pensar en habilitar otro camino sino al de la salida por el Aripuchu,.."* (APC legajo 28 N.16, 1805:9).

En marzo de 1805, tras el saqueo y quema de la Misión de San Francisco por los yuracareés, finalizaba la etapa misional. Los indígenas huyen a los bosques, dejando a las Reducciones de La Asunción, la Misión de San José de la Vista Alegre del Chimoré, la de San Francisco de Mamoré, prácticamente en el abandono.

En 1806, en el Alto Perú se fue gestando lo que sería la independencia. Los misioneros Francisco LaCueva y Ramón Soto, permanecieron en San José de la Vista Alegre del Chimoré, en medio de penurias, dado que el espesor del bosque, había cubierto la Misión. Los yuracareés vivían esparcidos en el monte. Quedaron 30 familias para reestablecer la Reducción, estaba ubicada en el paraje denominado Tojeuma. Estos misioneros llegaron a conformar para septiembre de 1805, 2 Reducciones: Ypachimucu y la de San Antonio. En los albores de la creación de la República, desde 1818 hasta el año 1922, se intentaron establecer 3 nuevas Misiones.

A fines de 1821, se conocía que los yuracareés de San José del Chimoré y San francisco del Mamoré habían huido a los bosques.

Nacida la nueva República, frente a la voluntad de Simón Bolivar, quien tuvo que acceder ante las clases dominantes, conformadas por exmilitares realistas, grandes latinfundistas y los mejores defensores de la casta feudal, enemigos de la independencia hispanoamericana, que tomaron las riendas de la nueva república dentro de largas y trágicas farsas de gobierno, casi todos ellos derrocados o asesinados en medio de continuas ambiciones personales, agitación política y desastre económico.

La situación para la gran mayoría de la población boliviana, no llegaría a cambiar en absoluto, menos para los yuracareés, quienes desconocían formar parte del nuevo Estado.

El Presidente José Ballivián que gobernó entre 1841 y 1847, volcó su mirada hacia el oriente del país. En 1844, los tenientes Mariano Mujía y Juan Ondarza, recorrien los territorios de los yuracareés a fin de vincular Moxos con Cochabamba.

Es el mismo José Ballivián quién crea en 1842, el Departamento de Beni en base a las provincias de las antiguas Misiones de Caupolican, Moxos y Yuracareés. El 15 de noviembre de 1844, se designa al pueblo de Chimoré, constituida sobre la base de una ex misión franciscana, como la capital de la Provincia Yuracareé. Desde ese entonces, se desarrollaron diversas expediciones y búsquedas de rutas que puedan interconectar al Departamento del Beni, recientemente creado (1842), con su similar de Cochabamba.

En 1850, el Prefecto beniano José Matías Carrasco, profundo conocedor de la zona, anotaba preocupado datos sobre el despoblamiento del lugar. Calculaba que de los mil quinientos yuracareés existentes en las postrimerías coloniales, restaban –bajo vigilancia oficial– apenas trescientos, divididos en cuatro pequeñas rancherías. (Rodríguez, 1977)

Cuatro años más tarde, en 1854, durante el gobierno de Manuel Isidoro Belzu, se autorizó la fundación de dos Misiones franciscanas: San Juan Bautista del Coni y Chimoré. Al igual que los intentos anteriores, la resistencia fue similar, debido a que los yuracareés preferían vivir en sus chacos, que en el pueblo.

Se puede observar que la historia del Trópico de Cochabamba, se caracterizó por la permanente búsqueda de accesos, explotación de riquezas y la vinculación con un trayecto caminero hacia Moxos o Santa Cruz de la Sierra, siendo una motivación prácticamente económica.

En 1876, según el comerciante alemán Jerman Von Loteen, calculaba en 1.500 la población yuracareé. La mitad vivía en pequeñas poblaciones como Chipiriri, San Antonio, Pachimoca, Vinchuta, Todos Santos, Coni y Chimoré. El resto se hallaba esparcido entre los ríos San Mateo y Sécure.

En 1897, el periódico "El Comercio" de Cochabamba, en su edición del 3 de abril de 1897, escribía:

> *"Sobre las cuatro rutas que se ofrecen al comercio departamental*
> *cochabambino, las de Chimoré, Chapare, Sécure y Covendo, la primera*
> *es de interés departamental, la segunda y la tercer, de interés local y la*
> *última de interés general. El Chimoré servirá a los departamentos de*
> *Sucre y Cochabamba".*

El ciudadano francés León Mousnier, hizo conocer su Informe dando cuenta "del trabajo del camino de Cochabamba al río Chimoré", estudio realizado por encargo de la firma Arnold Jacoby y Cia. Mousnier.

Mousnier pensaba: partir de Sacaba, ascendiendo a Komercocha para luego por el Rodeo de Tiraque, internarse hacia el río San Mateo, continuando por el Alto Coni, el Eñe y La Jota hasta llegar a orillas del rió Chimoré.

Otro importante informe es de Alberto Cornejo de 1906, su ruta llamada la de "Santa Isabel" se iniciaba igualmente en Sacaba, seguía hasta Colomi y luego a Paracti, Santa Isabel, Palmar y Eñe para culminar en la junta de la Jota con el río Chapare (El Industrial, Totora, 30 de mayo de 1907).

El año 1904, durante la presidencia de José Manuel Pando, se dio impulso a las vías de comunicación de Cochabamba- Chimoré. Este contexto facilitó la organización en agosto de 1904 de la Misión de San Antonio de Padua, ubicada inicialmente en medio del bosque a una legua del río Chimoré y a cinco leguas del Chapare. A fines de 1909 se pudo proceder a la "definitiva organización" de la Misión, con lo cual, los franciscanos volvían al Chapare después de medio siglo de fracaso.

El Decreto Supremo del 17 de octubre de 1905, emitido durante la presidencia de Ismael Montes establecía:

> *"... Siendo el pensamiento del supremo gobierno tener las misiones la base fundamental de las futuras colonias, habiéndose demostrado la ventaja que para poblar la rica región del Chimoré, se presenta el establecimiento de la Misión ante dicha, se concede al R.P. Francisco Pierini el permiso que solicita para la Fundación de la Misión denominada San Antonio de Padua en el margen derecho del rió Chimoré, adjudicándole, ochocientos hectáreas de terrenos".*

En 1910, el Puerto de Todos Santos se sumó al de Santa Rosa, para convertirse en centro de actividad económica. Ese año existían, en actividad, dos puertos cochabambinos: Santa Rosa y Todos Santos. El Puerto de Santa Rosa se estableció en 1890, reemplazando al Puerto de Vinchuta, punto de comercio de Cochabamba.

En 1911, Simón I. Patiño propuso la construcción de un ferrocarril eléctrico y a vapor hasta márgenes del rio Chimoré. La vía férrea, de aproximadamente 242 km. de extensión, debía empalmarse con el ferrocarril, que entonces la "Bolivia Railway" construía entre Oruro y Cochabamba. Patiño contrató ingenieros alemanes como Hirschfel, Wuszerk, Dieter y Felik, a cambio de demandar un privilegio de 25 años, concesiones de tierras y una subvención anual de diez mil libras esterlinas para el mantenimiento del ferrocarril.

Patiño retiró su propuesta ante la resistencia de sectores locales, que miraban con recelo la entrega de tierras gratuitas, la crisis de los mercados benianos vinculados al caucho y los malos cálculos de los ingenieros alemanes, al escoger una zona inapropiada para materializar el puerto que llevaba su nombre (Puerto Patiño) y la colonia.

En 1916, se decidió el traslado de la Misión a orillas del río Chapare, cerca del Puerto de Todos Santos (35 Km) donde hoy se encuentra Villa Tunari. Situado hasta entonces en lo recóndito del bosque y lejos de un río imprescindible vínculo alimenticio, comercial y laboral de la región. Hacia 1936 la Misión se pierde, quedando en manos de profesores pagados por el Estado boliviano, la tarea de "civilizar" al pequeño núcleo de sobrevivientes yuracareés.

El Estado boliviano persistió su propósito colonizador, y por Decreto Supremo del 2 de octubre de 1920, quedó conformada la "Primera Colonia Nacional" asentada en el margen izquierdo del rió Chapare, en el Puerto de Todos Santos, con el nombre de "Corporación de Fomento" y bajo el patrocinio, como la directa responsabilidad del Regimiento "Zapadores de Padilla", comandado por el Coronel Federico Román. Los Zapadores construyeron un camino de 34 Km de extensión entre Todos Santos y San Antonio, que fue entregado en 1927. La localidad de Todos Santos tuvo un crecimiento vertiginoso, para los años 1925 – 1926, se calculaba una población alrededor de 2.000 habitantes.

Ante el propósito fallido de construir un ferrocarril en 1921 de Cochabamba – Aiqulie – Santa Cruz con una extensión de 625 Km; en marzo de 1928, se anunció oficialmente que la compañía norteamericana "Kennedy y Caray", tomaría a su cargo la construcción del mencionado ferrocarril. Poco después, con gran pompa el Presidente Hernando Siles dio inicio a la obra. Pero la ruta no fue concluida hasta la fecha (la construcción se detiene en 1932, en las proximidades del pueblo de Vila Vila, a 128 Km. de la ciudad de Cochabamba. La construcción de un camino hacia el Trópico de Cochabamba, esta vez para automóviles, se inició en agosto de 1925. Hasta junio de 1927, la construcción del camino había avanzado muy lentamente, era posible recorrerlo hasta el km 60, faltando los 109 km.

La idea de construir una ruta para automóviles y camiones dio un nuevo giro el 2 de abril de 1928, cuando Simón I. Patiño hizo conocer su voluntad de construir un camino permanente al Trópico de Cochabamba, pese a la primera escaramuza de 1911. Patiño ofrecía diez millones de dólares en "oro" para toda la operación.

La fiebre de la goma que sacudió a los países amazónicos a comienzos del siglo XX, también desplazó capitales, hombres de empresa, aventureros rumbo a las selvas bolivianas y con ellos se llevó, los elementos que entretejieron urdimbres de drama y de tragedia (Valdez, 1948). Esta actividad entre Moxos y Cochabamba, movió nuevamente la vista hacia la población Yuracareé, aunque la producción cauchera no era propia del territorio, pero sí era importante la fuerza de trabajo en la siringa. "Solo las mujeres y niños están en casa, los hombres escaparon al bosque a nuestra llegada. Temían ser apresados por los blancos para el servicio de remo" (Nordenskiöld, 1922).

Alrededor de 1930, el botánico alemán Hans Georg Richter entró a la zona del Chapare a realizar una investigación. El autor menciona que toda la región del Isiboro Sécure era completamente virgen, ya que para suerte de los Yuracareés, ahí no existía el árbol de la goma. Afirmó que eran el único grupo poblador de la zona y que, por la inexistencia de contacto permanente con los blancos, habían mantenido intacta su cultura, a diferencia de los que vivían en misiones o en zonas colonizadas.

La goma o *Hevea brasiliensis* es un árbol cuya altura máxima oscila entre 30 y 40 metros, siendo uno de los integrantes del estrato más alto de la selva húmeda amazónica, en su fase de mayor desarrollo. En su hábitat natural, la densidad de *Hevea* es limitada, no suele encontrarse más de uno o dos especímenes maduros por hectárea. Si se practica una incisión en su tronco, se logra que fluya un líquido lechoso blanco (látex) que se coagula mediante el calor; así se produce el caucho natural y se estabiliza mediante la adición de azufre.

El comercio era cada vez más activo. Los volúmenes de carga que salían de Puerto Cochabamba eran mayores a los que ingresaban. De Cochabamba se enviaba principalmente trigo, harina de trigo, papas, chuñó, aguas gaseosas, cerveza, licor, sal de molde traídas desde los saleares de Potosí por Oruro. Del Beni retornaban charque, cueros de vaca y tigre, "bolachos" de goma con destino al puerto de Antofagasta para su exportación a Europa y Norteamérica.

Hasta el año 1930, el pueblo Yuracareé mantuvo su predominancia en el Trópico, pero,… posteriormente comenzaron los procesos de colonización por personas venidas de las alturas (collas) y trinitarios. En el caso de los collas, a partir de 1940 empezaron a migrar, cuando la economía familiar campesina, en los valles de Cochabamba, entró en un proceso de pauperización, y la densidad demográfica empezó a ejercer presión sobre el proceso de parcelación de la tierra (Laserna, 1987).

El Estado boliviano quedó a cargo de la conclusión del camino, que avanzaba lentamente en su construcción. El 14 de septiembre de 1926, como homenaje al aniversario departamental, se inauguraron los primeros 20 km. y el 16 de marzo de 1932, se concluyó hasta la región de Aguirre.

Tras la guerra del Chaco (1932 – 1935), el surgimiento de corrientes nacionalistas, portadores de una nueva orientación geográfica y territorial, hizo que el Chapare sufriera una nueva revalorización. La alta cotización de la madera y de la castaña, las posibilidades de producir azúcar y explotar petróleo, surtió efecto y obligaron nuevamente a volcar la mirada hacia esta región.

En 1938, se terminó la construcción del camino Cochabamba – Villa Tunari. Por la disputa de opciones camineras entre grupos de dirigentes capitalinos, otros similares de los valles cerealeros de Sacaba; en 1896, Rosendo Saucedo, firmó un contrato con el gobierno para abrir un camino de herradura del "Yunga de Arepucho" hasta márgenes del río Chimoré.

El camino a Chimoré se entregó oficialmente el 31 de julio de 1938, con una extensión de 114 km. En 1939, el señor Napoleón Roca, organizó la "Colonia Polaca del Coni" (posteriormente se denominaría Presidente Busch) en el margen derecho del Coni, entre los ríos Eñe y Sinahota, a fin de recibir inmigrantes polacos.

El 4 de abril de 1940, se inauguró el tramo hasta San Antonio y en 1942 hasta Todos Santos. Un año atrás, durante la presidencia de Enrique Peñaranda se fundó en cumplimiento de la Ley de 2 de diciembre de 1941, Villa Tunari, en el mismo punto que había existido anteriormente la Misión de San Antonio, fundiéndose muy simbólicamente la historia colonizadora con la misional. Villa Tunari era una aldea yuracareé denominada *Tebe Tebe Uta* que significa "Junta de dos ríos en la Peña Colorada". Posteriormente, fue denominada "San Antonio de los Yuracareés" por los misioneros, fundada el 13 de junio de 1695 (Paz, 2002).

Tras casi dos siglos de intentos y frustraciones, en 1942, se entregó oficialmente el camino hasta Todos Santos, el cual fue aprovechado por "colonizadores" espontáneos para establecerse en las proximidades de este puerto y Villa Tunari. Por lo menos una docena de colonias estaban registradas hacia 1959. Al finalizar los años 50, existían igualmente pequeños asentamientos, alentados por el gobierno, hacia el norte del río Chipiriri, Chimoré y Puerto San Francisco.

A partir de 1947, empezaron las inevitables inundaciones en Puerto Todos Santos, dividiéndose el río Chapare en 2 brazos y convirtiéndose, en 1959 este famoso Puerto, en una isla. Posteriormente, después de 27 años, en 1974 los habitantes de Todos Santos se trasladaron a Chimoré, dirigidos por el señor José Chavez, autoridad de esa población y conviertiéndose en el primer Alcalde de Chimoré.

El P. Cristobal Pela[26] autor del manuscrito "Crónica religiosa del Chapare desde 1965", relata en su carta del 21 de mayo de 1988, al señor José Puchalt:

> *"En 1957, Todos Santos era un hermosísimo pueblito: el único en toda la región tropical del Chapare con cara de pueblo, tenía sus calles bien trazadas, anchas y hasta en forma de avenida. Sus habitantes eran de origen beniano como lo delataba su acento y eran alrededor de unos 800. De la plaza al rió Chapare, sobre cuyo margen izquierdo estaba el pueblo, habían aun tres cuadras (...) Tenía Alcaldía, que era en la plaza principal, oficial de registro civil. Con mi llegada tuvieron su primer párroco después de varios años (...) En aquel tiempo, los americanos rescataban toda la goma que se podía juntar. (Ante las inundaciones) No quedaron sus pobladores con las manos cruzadas, lo intentaron todo para desviar el río, pero el rió los venció y desalojó. Dejó de existir Todos Santos el 22 de junio de 1983, cuando todas las familias se habían mudado a otros pueblos".*

En 1952, las condiciones políticas habían cambiado en Bolivia, transformando al Estado en protagonista de la economía del país. La nueva misión estatal asentaba un programa de integración con el oriente. La Revolución de 1952, a su vez empujó a que los sectores

---

[26] El P. Cristobal Pela es actualmente Párroco de la iglesia de la población tropical de Chipiriri, desde 1991.

campesinos puedan migrar a diferentes lugares del país, entre ellos al Trópico de Cochabamba, llevando consigo una cultura propia, hacia zonas ecológicas completamente diferentes al de su origen. Se trataba de un proceso de colonización, ya no de ibéricos hacia "tierras indómitas", sino de pueblos originarios hacia otros similares, en otras regiones geográficas.

Esto a su vez implicaría un proceso de préstamo cultural, simbiosis y sincretismo con lo que ya habían adquirido, a su vez, del proceso de colonización anterior. Desde luego que el régimen de propiedad de la tierra también influyó en ambas concepciones. Quienes venían de las alturas traían consigo la idea de la propiedad familiar, frente a los Yuracareés que concebían un espacio mayor, sin propietarios, grande y de usufructo colectivo bajo el régimen de la recolección, caza, pesca y los cultivos que fueron introducidos en las misiones.

Los testimonios que se recogen de los yuracareés, viviendo ya en comunidades y en estrecha relación con los colonizadores, que han invadido prácticamente todo el escenario geográfico, muestran un proceso de enculturación mayor que aquellos intentos coloniales y republicanos, que son ahora los menos demográficamente, respecto a los otros, en un proceso mutuo de intercambio y una pérdida paulatina y peligrosa de su cultura.

Desde luego que el destino del Chapare ha estado signado por los diversos cambios económicos del país, 1951 significó la caída de la explotación gomera, cuando Malasia arranca este mercado, con plantaciones del árbol de la goma, logradas con las semillas amazónicas sacadas a "hurtadillas".

Simón I. Patiño propuso la construcción de un ferrocarril hasta los márgenes del río Chimoré, propuesta que contenía una proyección de colonización, creación de centros fluviales y la producción agrícola, forestal y mineralógica. El trabajo se inició con la fundación de Puerto Patiño, en el río Isiboro; sin embargo, el proyecto quedó truncado y feneció definitivamente con la Revolución nacional de 1952, que implicó, justamente la nacionalización de las minas (expropiación de la riqueza de los tres varones del estaño) y la Reforma Agraria, que llevó al empuje de grandes grupos campesinos hacia otros horizontes, con el fin de diversificar la producción agrícola. La Revolución de 1952, con todos los cambios políticos y económicos que significaron para el país, tampoco pudo insertar a la vida nacional a los yuracareés, prácticamente se desconocían sus aspiraciones y sus derechos.

Coincidentemente con el año de la revolución, llega a Bolivia la Misión "Nuevas Tribus", haciendo viajes de reconocimiento por el Trópico, fundando en 1957, la Escuela de Nueva Vida. Esta organización responde a una nueva concepción misional, a partir de la iglesia protestante o denominadas también "sectas evangélicas fundamentalistas", que iniciaron su labor durante los siglos XVII y XVIII bajo "la idea de la bondad natural del ser humano, bondad innata que la sociedad se encarga de corromper".

Esta idea, promovida especialmente por los enciclopedistas franceses y los deístas ingleses, era radicalmente contraria a lo que el cristianismo había enseñado, en cuanto a la condición humana. Esa idea romántica del "salvaje feliz", que adquirió auge en Europa, parece que vuelve a levantar cabeza bajo la batuta de una de las vacas sagradas de nuestra época: la ecología de tinte secular. Según ella, el cristianismo sería culpable, en buena medida, del desastre que se cierne sobre el planeta, por su enseñanza sobre el dominio y el señorío del hombre sobre la tierra (Lewis, 1998).

2.2.3. Migración y colonización del Trópico de Cochabamba

A principios de 1960, comenzó la migración al Trópico de Cochabamba. En esa época se facilitó el ingreso y asentamiento de los primeros colonos. Muchos colonos vieron en estos programas estatales, una alternativa a su empobrecida economía en los valles y altiplano. Sin embargo, años después, a comienzos de 1980 se desató una inmigración espontánea y descontrolada para producir coca para la fabricación de cocaína.

Para el colono, el cambio de clima, la diversificación de la dieta, el cambio de tipo de suelo y el nuevo calendario agrícola, modificaron su forma de vida y transformaron violentamente el paisaje.

Entre los habitantes colonos existían dos tipos de hogares:

Permanentes, que eran aquellos que ingresaron en la diversificación de sus cultivos dejando de depender únicamente del cultivo de la hoja de coca. Eran aquellos que decidieron asentarse definitivamente en el bosque húmedo, preocupándose por mejorar sus condiciones de habitabilidad e infraestructura de uso colectivo como ser hospitales, escuelas, mercados y caminos.

Flotantes, eran aquellos que migraron por temporadas para explotar el bosque y sus recursos, en especial los cultivos de la hoja de coca. Estos tipos de asentamientos tendían a ser inestables, débiles y sumamente precarios.

A partir de 1963, el gobierno nacional dio mayor impulso a la colonización del Chapare tropical. En 1964, ya se contaban 54 colonias con 24.381 personas. Igualmente se diseño la construcción de una carretera asfaltada a Villa Tunari y desde ahí a Puerto Villarroel, la misma que se entregaría en su primer tramo en 1972 y el segundo, en 1973.

Fotografía Nro. 1

Los primeros pobladores de Villa Tunari.

Fotografía Nro. 2

Restos que se pueden observar a la fecha, de lo que
fue, la jaula transbordadora. Villa Tunari.

Atraídos por las posibilidades de contar con tierras y expulsados por el deterioro de la economía campesina, empezó un flujo importante hacia el Trópico de Cochabamba. El Censo de 1976, registraba a 31.160 personas en la región. Pero el salto más espectacular se produjo recién en los años 80, cuando surgió para la coca, una demanda distinta a la tradicional, la proveniente de la cocaína.

A mediados de 1974, se implementó el Proyecto Bufalo a nivel nacional por el Instituto Nacional de Colonización (INC), tuvo como objetivo principal brindar un animal de tracción a los colonizadores del Chapare, a fin de disponer de facilidades para la extracción de productos agropecuarios desde las parcelas hasta la carretera. Así mismo, se pensó en que las miles de hectáreas inundables en la región del Chapare, podrían ser ventajosamente aprovechadas con la introducción de ganado bufalino de razas lecheras Murrah y Mediterraneo.

En 1979, la Universidad Mayor de San Simón adquirió del Instituto Nacional de Colonización un total de 30 cabezas de ganado bufalino (28 hembras y 2 machos) de la raza Mediterraneo. El INC liquidó la existencia del hato, transfiriéndolo una parte a la Universidad Mayor de San Simón (UMSS), a través del Proyecto de Valle Sacta, ubicado a 232 km. de Cochabamba y a 15 km. de la localidad de Ivirgarzama sobre la carretera asfaltada Chimoré - Yapacani y la otra parte al Instituto Boliviano de Tecnología Agropecuaria (IBTA).

Desde 1970 hasta 1990, se producen una serie de transformaciones en la población yuracareé, dentro de un proceso continuo de reducción de su área de movilización y de vinculación con la sociedad mayor. La época de los setenta, marcada por el auge de la renta de cuero de animales silvestres, así como del aprovechamiento de la madera, definen una dinámica de relación de los yuracareés con el mercado nacional. Lo yuracareé, se inserta en un proceso de modernización paulatina, dentro de una combinación de estrategias locales, culturales y de mercado.

Asimismo, ingresan a la zona muchos de los comerciantes, actualmente establecidos en el río Chapare, que buscaban el intercambio de productos, recorriendo muchos de los ríos de la región. Se produce una relación de estrecha dependencia hacia el mercado, que llegaba hasta sus establecimientos. Situación que se reforzó en los años ochenta, con nuevas dinámicas a nivel nacional, que afectó la condición en la región, consolidándose entonces, un territorio reducido a la cuenca del río Chapare. En la década de los noventa, se consolida en el país un proceso de demandas territoriales indígenas, en áreas que tradicionalmente habitaban, defendiéndose una nueva dinámica, para muchos de los pueblos indígenas del país (Coniyura, 1998).

A pesar de que los yuracareés buscaron la consolidación de su territorio desde 1988, recién en agosto de 1996 se oficializa su demanda territorial, con la presentación al gobierno nacional, a través de un proceso de definición de la Ley de Tierras, sumándose a 16 demandas de consolidación de las Tierras Comunitarias de Origen (TCO's)" (Coniyura 1998).

Sin embargo, otro proceso económico influiría para estos cambios y se traduce en la economía de la hoja de coca, la producción de cocaína y una presencia marcada de diversos actores, desde un ejército fuertemente consolidado, colonizadores y cocaleros, narcotraficantes, organizaciones de desarrollo nacionales e internacionales frente a nuevas reinvindicaciones sociales; que son en última instancia, motores para nuevos representantes en el ejercicio de la ciudadanía nacional.

En la actualidad, los asentamientos de los yuracareés y el pueblo indígena Yuqui, se encuentran en el Trópico del Departamento de Cochabamba, "(...) conocido como Chapare, está ubicado al norte del Departamento de Cochabamba, comprendiendo parte de las Provincias Chapare, Carrasco, Tiraque y Ayopaya, haciendo una superficie de 39.563 Km², el 58% de la superficie de este Departamento. Limita con Santa cruz y el Beni cuya frontera no está definida a la fecha" (VIMDESALT, 1999).

La división política se configura en: Municipio de Villa Tunari, Tercera Sección de la Provincia Chapare; Municipio de Chimoré, Cuarta Sección de la Provincia Carrasco; Municipio de Puerto Villarroel, Quinta sección de la Provincia Carrasco; Subalcaldías de Entre ríos, Municipio de Pojo, Segunda Sección de la Provincia Carrasco; Subalcaldía de Shinahota, Municipio de Tiraque, Primera Sección de la Provincia Tiraque. La dispersión de las comunidades es el común denominador en la zona, las cuales enfrentan fuertes presiones por parte de los colonos, por tierras cultivables y accesos a recursos naturales.

2.2.4. El pueblo de Chimoré

2.2.5. Período Misional

Contrariamente a lo que ocurrió en otras partes de América, especialmente en zonas templadas y frías, la zona amazónica del continente americano no fue objeto de saqueo por dos razones: primera, en su territorio no existieron los productos apetecidos por los españoles; segunda, en la selva no existían vías de fácil acceso y se la consideraba como una de las más indomables del oriente boliviano (Cardoso, 2002).

En 1797, el P. Fray Bernardo Jiménez Bejarano, establece la nueva Reducción llamada San José del Chimoré, localizada a 12 leguas de La Asunta y a 55 varas de la orilla de un brazo del río Chimoré, donde se construyó la iglesia y casas para los padres.

El 15 de noviembre de 1844, se designa al pueblo de Chimoré, capital de la Provincia Yuracareé. En 1854, el presidente Manuel Isidoro Belzú, autoriza la fundación de 2 misiones franciscanas: San Juan Bautista Coni y Chimoré.

2.2.6. Período de la colonización espontánea

De acuerdo a los primeros pobladores de Chimoré, fueron 96 familias ex trabajadores de la empresa minera de Patiño de Catavi que se organizaron en la "Cooperativa Libertad" para buscar mejores rumbos en el Trópico de Cochabamba. En esta organización se encontraban no sólo trabajadores de interior mina sino personas de variadas profesiones.

Estas familias adquirieron terrenos en Chimoré de propiedad de los terratenientes Mabrich, Salinas, Mesa a efectos de la colonización, la "Cooperativa Libertad" se dividió en 3 grupos. El primer grupo incursionó en Chimoré el año 1949. El Presidente del país de ese entonces, Dn. Mamerto Urriolagoitia, intentó brindar cooperación a este primer asentamiento humano.

La colonización, a decir de sus primeros habitantes, fue bastante dura. Chimoré era una selva inmensa, al no existir caminos se veían obligados a abrir sendas "a punta de machete". Uno de los pueblos indígenas que habitaba la zona era denominada "Choris", actualmente parte de ellos son conocidos como el pueblo indígena de los yukis.

En 1949, en la senda que se encuentra entre el arroyo Magdalenita y Chincherel, fue fundado el primer asentamiento poblacional de Chimoré. Los nuevos colonizadores iniciaron los trabajos de topografía para el fraccionamiento de la tierra. Cuando comenzaron a realizar los trabajos de tala y quema, los indígenas vieron que se destruía la selva, por ello los atacaron matando a dos cooperativistas y dejando muchos heridos.

Estos ataques por parte de los indígenas hicieron que la Cooperativa se desorganizara, en vista de que no encontraban garantías para continuar con el trabajo de colonización. Muchos volvieron al lugar de origen, otros se fueron a buscar otras oportunidades en diversas regiones del país y muy pocos continuaron con el trabajo de colonización.
Estos colonizadores, trabajaban en la hacienda de Mabrich, donde cultivaban coca, caña de azúcar y plátano. Los testimonios señalan que encontraron coca en estado silvestre, según los colonizadores "no eran arbustos sino árboles de coca".

Otro aspecto que impactó a los primeros colonizadores, fue que los árboles de la zona tenían diámetros y altitudes increíbles. Por ejemplo, un árbol de estas características que se encontraba en la carretera Cochabamba – Santa Cruz, a la altura del ingreso al pueblo, era el mapajo (*Chorisia sp*) que requería de muchas personas para ser "abrazado". Lastimosamente este árbol fue alcanzado accidentalmente por una chispa de fuego, dentro de un trabajo comunal en el lugar y se quemó consumiéndose poco a poco.

Según datos proporcinados por el Padre italiano Anselmo Andreotti, los mismos que también se encuentran el su libro "Once años en el Chapare", la metodología de asentamiento de las colonias espontáneas eran los asentamientos en filas.

La mayoría de los "colonos" tenían una primera y segunda fila, algunas llegaban hasta la quinta fila. Generalmente cada colono contaba con un lote de 10 hectáreas, 100 metros de frente por un kilómetro de fondo, como resultado de quedarse a trabajar, formando la primera fila, otro llegaba a formar la segunda fila.

Entrevista y datos del señor Tito Amurrio:

El señor Tito Amurrio Trejo, nació en Quillacollo el 4 de enero de 1929. En 1942, con el traslado de su padre, Don Cirilo Amurrio Olmos, se fue a Catavi, donde cursó sus estudios escolares hasta 1948. En 1949, su padré conjuntamente con mineros de Catavi compró terrenos en Senda C, antes conocida como La Jota, llamada posteriormente Fortín Boqueron.

En 1950, contrajo matrimonio con la Sra. Fortunata Almaraz en Todos Santos. El señor Amurrio y su familia se trasladaron de Senda C, a donde llegaron dentro de la colonización espontánea, a Chimoré, cuado se organizó el pueblo en 1969. Adquirió el lote de 20 x 30 metros cuadrados. En ese entonces, sólo existían 6 a 10 casas desparramadas. Las casas primeramente eran de madera. En Senda C se dedicaba, como todos los colonos, a la agricultura y a la crianza de animales menores, sobre todo gallinas.

Entrevista y datos del señor Julio Susaño Cachi:

El primer grupo de colonización espontánea se realizó, en lo que hoy se
conoce como Senda D, probablemente eran terrenos del señor Mabrich.
Se establecieron unas 5 a 6 familias, las mismas que realizaron
plantaciones de cítricos y se dedicaban a la crianza de animales

menores. Construyeron una posta sanitaria para la atención de partos y curaciones. Eran frecuentes los enfrentamientos con los "barbaros". [27]

El Instituto Nacinal de Colonización puso los nombres a las Sendas en 1965:

Senda A, Villa Esperanza
Senda B, Nueva Canaán
Senda C, Fortín Boqueron
Senda D, Villa La Jota
Senda E, Villa Porvenir
Senda F, Fortín Acre o Villa Acre

El plano de Chimoré estaba constituido en ese entonces, por la cancha multiple, el centro del pueblo construido en trabajo comunal, la primera iglesia en el lugar, que hoy ocupa la casa de las hermanas (a lado de la parada del autotransporte 2 de Junio). El Coronel Ríos del INC, ha organizado el pueblo. El Teniente Heredia manejaba el registro civil.

2.2.7. Periódo de la colonización dirigida

El conjunto de personas que llegarían a formar el puebo de Chimoré, en un principio se establecieron al margen derecho del rio Chimoré, que era en un comienzo una Posta Sanitaria; posteriormente, llegó a ser Normal para profesores rurales y luego, se conocería hasta el día de hoy como UMOPAR (Unidad Movil de Patrullaje Rural).

A partir de los años 60, los colonizadores nuevamente incursionan a la zona, algunos de manera individual y otros apoyados por la Corporación Andina de Fomento, el Banco Interamericano de Desarrollo y el Banco Agrícola.

El Padre Anselmo establece en su libro "Once años en el Chapare", que la colonización dirigida fue programada y financiada por el Estado a través del Instituto Nacional de Colonización, en diferentes regiones de Bolivia. En el Trópico de Cochabamba, el INC estableció sus oficinas en Chimoré el año 1963, donde se organiza la "Cooperativa

---

[27] Hace referencia a los "Choris" que habitaban la zona.

Agrícola Chimoré Ltda." a la cual pertenecían todos los colonos. Esta Cooperativa contaba con un almacen de suministros, donde el señor Pablo Alarcón era jefe.

En la colonización dirigida, la dotación de tierras era de 20 hectáreas. Se abrió el camino principal ripiado de 15 km de largo desde Chimoré hasta la Senda F. Cada 2 km y medio se abrió una Senda transversal al camino principal, en donde se entregaban los lotes a los colonos. Los lotes tenían 200 metros de frente por un kilómetro de fondo (Andreotti, 2003).

En el trayecto de Chimoré a Senda F, se abrieron las Sendas A, B, C, D, E y la Senda F, la que se conectaba con el pueblo de Puerto Aurora, para continuar, hacia el lado izquierdo a Puerto Todos Santos y al derecho, a Villa Tunari.

Entrevista y datos del P. Anselmo Andreotti:

El P. Anselmo relata, al igual que en su libro "Once años en el Chapare", que en mayo de 1972, el personal del INC se trasladó de Chimoré a Ivirgarzama. El Ministerio de Educación abrió en el lugar, la Normal bajo el nombre de "Instituto Nacional de Agropecuaria y Promotoras del Hogar"

> *"El 5 de mayo de 1972, firmé un contrato pora la construcción de una vivienda, la misma que se entregó el 5 de febrero de 1973, teniendo varios retrasos. Este retraso permitió que don Félix Llave terminara su casa, antes que la mía; a pesar de ello, considero que mi casa es la primera de Chimoré"*, relata el P. Anselmo.

> *Es posible que en Chimoré las autoridades, quizás con o sin el consentimiento de la población, hayan identificado la fundación del pueblo, con la creación de la alcaldía, el 13 de septiembre de 1982 (...). La fiesta religiosa tuvo inicio cuando un vecino, el 14 de septiembre llevó al salón múltiple, (...) una cruz que tenía en su casa. El devoto buscó un pasante para el año siguiente y así se fue instalando la fiesta del pueblo.*

> *Me trasladé a la ciudad de La Paz para la adquisición de 200 hectáreas en Mariposas, destinadas a la ganadería; actividad que estaría a cargo*

*del Ing. René Lozano. Las actividades principales en ese tiempo eran la
caza, pezca, siembra de arroz y crianza de gallinas sobre todo.*

*Seguramente, son muchas las personas que han intervenido en su
fundación (de Chimoré). Sin embargo, me atrevería a presentarme como
principal actor sobre todo en los comienzos, a los que se refiere su
fundación. Y ésto, por multiples motivos: La adquisición de los planos en
La Paz, la presidencia del Comité de Urbanización (fundado el 2 de julio
de 1971), la construcción de la primera vivienda, la obtención de una
comunidad religiosa, la capilla usada también como salón múltiple, la
nueva casa parroquial, la primera parte de la escuela entregada a Fe y
Alegría, la primera posta sanitaria, el Centro de Catequistas, la cancha
de básquet (...) la nivelación de la plaza principal (...) la cual sirvió
durante un tiempo como cancha de futbol, la iniciación de los trámites
para la creación de la Cuarta Sección de la Provincia Carrasco.*

Entrevista y datos del señor Mateo Yuja y Señora Petronila Mercado:

El primero nacido en Trinidad (Beni) y la segunda en San Joaquín (Beni), casados en
Todos Santos. Con la inundación de la población de Todos Santos, en 1975, recibió un lote
de 20 x 40 metros cuadrados, por parte de José Chavez Pizarro, entonces Alcalde de Todos
Santos:

*"Antes no había nada, todo era monte, antes de repartir los lotes, los
colonos formados en Cooperativa, chaquearon. De Todos Santos
vinieron la señora Antonia vda. de Suarez (+), Victor Nosa y Josefina
Iva (+), Flora Cuellar (vive en Cbba.), Pascual Chapi y Maria Heredia,
Hilario Coronado (+) y la señora Martha Elvira Jiménez Ayala".*

Fotografía Nro. 3

El señor Mateo Yuja y esposa Petronila Mercado,
luego de la entrevista.

Entrevista y datos del señor José Flor Herbas Zambrana:

Nacido en Quillacollo y llegó a vivir en la población de Todos Santos. En 1946 su padre, Severino Herbas Vargas, llegó a trabajar en la hacienda de la familia Mabrich, ubicada en Senda D. El señor José Chavez Pizarro, era el Alcalde de la 3ra. Sección Municipal del Chapare, Todos Santos. El 25 de octubre de 1975, los últimos grupos fueron trasladados en caimanes del ejército hacia Chimoré, donde les dotaron de terrenos a 20 hectáreas por colono. Los terrenos del TAC, en ese entonces eran de propiedad de la Alcaldía, bajo el nombre de "Instituto Nacional Técnico"[28].

---

[28] Según la Prof. Elma Velasquez, Docente del Tecnológico Agropecuario "Canadá" (TAC) de Chimoré, los terrenos pertenecían al señor Santiago Cayo, quién es ese entonces fungía como Alcalde del pueblo.

Fotografía Nro. 4

Una de las casas típicas de madera de Todos Santos que fueron trasladadas a Chimoré en camiones del ejército.

Entrevista y datos del señor Napoleón Osinaga:

(Cargos que ejerció: Tres veces Alcalde de Chimoré en diferentes periódos, Presidente de la Junta Escolar, Presidente del Comité Cívico, Presidente de Agua Potable, Presidente de electrificación y Corregidor).

Nací en Totora, Provincia Carrasco y llegué al lugar el año 1965. El año 1963, llegó la colonización (dirigida), el campamento era donde hoy se encuentra UMOPAR. En los años 1967 – 1968, el INC trajo 30 cabezas de búfalos para difundir la crianza en Paraíso, Mariposas, más allá de Senda 5, que antes pertenecía a la jurisdicción de Chimoré. Esta actividad no dio los resultados esperados. La gente criaba gallinas sobre todo, otros tenían cerdos y uno que otro ganado.

A Chimoré se llegaba, desde Villa Tunari hasta el lugar denominado "El cinco", a la izquierda va el camino hacia Puerto Aurora por la misma se llegaba hasta Chimoré y a la derecha estaba el camino a Todos Santos.

La ruta a Puerto Aurora va por Senda 3 en el camino interdepartamental o por la avenidad Abecedario de Chimoré. Recorríamos estos tramos los días domingos, que en Villa Tunari o en Todos Santos eran días de feria.

La gente venía de las minas en camiones. El INC les proporcionaba lotes, viviendas, herramientas y además les proporcionaba asesoramiento técnico. "En lo que hoy es el pueblo de Chimoré, no pasábamos más de 20 personas. En 1970, empezamos a chaquear, habilitamos el primer mercado en Chimoré en el lugar donde hoy se encuentran las oficinas de Derechos Humanos, bajo el nombre de "13 de Septiembre". Posteriormente chaqueamos lo que hoy es la plaza. En 1972, se funda Chimoré. Cada uno recibió 10 hectáreas. En 1974, se construye la primera escuela. Las primeras casas fueron de Ernesto Fernandez, Bertha Cornejo, Félix Llave, P. Anselmo Andreotti (parroquia y capilla), Rubén Delgadillo, Pablo Alarcon y la mía".

Posteriomente, a raíz de las inundaciones los todosantinos se dirigieron rumbo a tres direcciones: a Villa Tunari, a Puerto Villarroel y la mayoría a Chimoré. El INC les entregó lotes de 800 metros cuadrados bajo plano elaborado en zona urbana.

Me acuerdo que el Coronel Ríos del INC trajo burros para el traslado de productos, pero éstos no rindieron por las condiciones del clima.

Entrevista y datos del señor Pablo Alarcón (Primer corregidor del lugar):

Llegué al lugar el año 1967, oriundo de La Paz. Todo era monte, teníamos que abrirnos camino para visitarnos, yo por ejemplo, tenía que machetear para ir a visitar a mi vecino don Félix Llave. La entrada a Chimoré por la carretera, recibió el nombre de "Avenida Los Manzanitos" porque en ese tiempo estos frutales tropicales eran pequeños. En el lugar donde hoy está UMOPAR, se encontraba el campamento del INC y también funcionó la Normal. No había tiendas de abastecimiento de alimentos ni comerciantes, teníamos que subsistir gracias a la yuca, arroz. Nadie tenía vacas, cerdos; había jochis y vendados en cantidad para el consumo.

Entrevista y datos de la señora Elva Chavez y señorita Jan Carla Herrera:

José Chavez organizó las calles en Chimoré, se entregaron terrenos de 600 a 800 metros cuadrados a todos los todosantinos venidos a Chimoré. En ese entonces ya había la calle Abecedario, a donde llegaron y vivían potosinos, orureños, cochabambinos como los señores Tito Amurrio, Rosendo Quispe, Santiago Cayo. No había aún el pueblo. Las casas antiguas de madera y típicas que hasta la fecha se pueden observar en Chimoré, fueron traídas en camiones por el ejército desde Todos Santos. Estas casas son de José Herbas, de la señora Gandarillas, de Gilberto Angulo, de la madre de Rosario Coronado.

Entre los Alcaldes de Chimoré podemos recordar a don José Chavez Pizarro, primer Alcalde, a Rubén Delgadillo, Napoleón Osinaga, Guido Crespo, Rolando Cayo (hijo de Santiago Cayo), Juan Carlos Justiniano, Juan Taca, Hilarión Catalán, Julio Susaño, Félix Antezana, Felipe Heredia (suboficial) y en tiempos de García Meza, al suboficial Gualberto Calvimontes. Nos dedicábamos a la crianza de gallinas de 10 a 20 unidades, chanchos de 1 hasta 3 unidades por familia.

Relato de la Señora Bartolina P., extraido de la Revista "Amanecer" bajo el Artículo "Inmigrantes":

"...hicimos cola para tomar la jaula (transbordadora) a la que entraba un número determinado de personas, pasamos y al frente del río San Mateo nos esperaba una volqueta del INC; nos acomodamos como pudimos porque había gente en cantidad hacia la zona de colonización de Chimoré (...) seguimos el camino dejando a la gente en cada Senda, de la F a Chimoré (...) nos dieron los lotes y empezamos a acomodarnos en lotes abandonados, con ganas de trabajar para descampar, construir chocitas, primeramente con un poco de ayuda alimentaria del INC, que

no alcanzaba para todo un mes. El colonizador recibió en forma de préstamo toda la ayuda de machetes, hachas y palas a dos de cada cosa (...). El hambre y la miseria nos obligó a alimentarnos con frutas y animales como ser plátano, yuca y peces..."

Entrevista y datos del señor Félix Pérez Solis:

Nací el 2 de mayo de 1959 en Cochabamba y voy a realizar una relación histórica que corresponde a los años 1966 a 1972, sobre el nacimiento del pueblo como tal, de Chimoré. Tenía 10 años cuando vine a la región, que muy posteriormente sería el pueblo.

El pueblo como tal en esa época no había, lo que se observaba era a la gente y el movimiento en torno a ella. Se empezaron a asentar en el sector que hoy se conoce como UMOPAR. La carretera Cochabamba-Santa Cruz, que hoy es asfaltada, era solo una brecha. En dirección de la carretera hacia santa Cruz, en el sector que hoy es UMPAR, al lado izquierdo, estaban las primeras casitas, que pertenecían a los señores Germán Cámara, Arturo Linares, Victor Llave (padre de Félix Llave) y Alejandro Villarroel.

Al lado del almacen del INC, se encontraba un restaurant pequeño donde se podía comer. De este lugar donde se encontraban las primeras casitas en Chimoré con fines de urbanización, nos trasladamos por problemas de inundaciones un poco más alla, donde hoy se encuentran las oficinas de Derechos Humanos. Aquí se establecieron unas 15 casitas en una sola dirección, hacia la dirección de la avenida "El Abecedario". Recuerdo la casita de don Isaac Zurita, que al frente tenía como vecinos a mi padre, don Juan Pérez y Felicidad Soliz, quienes atendían el restaurant "La Cochabambina" en el mismo lugar.

Otras casitas eran las de las señoras Mercedes Ayma, Bertha Cornejo, Ines Zapata y Angelica Lopez; de los señores, Victor Caero, Miguel Gamboa y Lorenzo Ove. Tanto en el primer asentamiento con fines de hacer pueblo, como ahora, después del primer traslado por motivos de inundaciones, los lotes representaban 600 a 800 metros cuadrados dotados por el INC.

De este sector, se produce nuevamente otro traslado, siempre por motivos de inundaciones. El traslado esta vez es más hacia el oeste, pasando el río Chimorecillo, siempre en lotes de 600 a 800 metros cuadrados establecidos por el INC. En este proceso de establecimiento de lo que hoy es el pueblo de Chimoré, por gente que no vino a hacer agricultura como el resto que se encontraba disperso a los alrededores o finalmente en las Sendas; también nos dedicábamos a la crianza de gallinas, de chanchos y de patos. En esa época era un lujo comer verduras, sobre todo cebolla. El INC fomento la crianza de búfalos desde Tacuaral, donde se criaban varias cabezas. Consumíamos bastante pescado y los que proveían de este producto al "pueblo" eran don Ladico (Ladislao) y Arturo Linares que eran pescadores y cazadores. También se comía bastante carne de chancho de monte, de capihuara, de tapir o anta, de urina (venado).

El tiempo que un camión tardaba en llegar desde Cochabamba hasta Chimoré era de 14 a 15 horas. En el río de San Mateo, en el sector de Villa Tunari, los camiones o vehículos pasaban en el pontón[29], mientras que la gente pasábamos por la famosa jaula transbordadora[30] que existía.

De forma simbólica la fundación de Chimoré ha sido apadrinada por el señor Edén Crespo y señora. Don Edén era transportista, tenía un chevrolet que llevaba gente, encomiendas, encargos a Cochabamba y viceversa. La gente lo recibía y lo despedía con mucho cariño, por los servicios que prestaba, a veces gratis. Por esta razón, se decidío nombrarle padrino de la nueva población que empezaba a surgir, a

---

[29] Pontón, embarcación grande de madera que transbordaba camiones con carga de un lado del río para el otro.

[30] Jaula transbordadora, similar al teleférico, construida en 1942 durante la presidencia de Enrique Peñaranda; "reliquia" que se puede observar a la fecha.

partir de lo que hoy es la "Avenida los Manzanitos" y donde precisamente se encuentra la plaqueta que conmemora este acontecimiento, la misma preparada por mi padre, don Juan Pérez Céspedes, que entre otras era el supervisor de obra de la construcción del puente sobre el río Chimoré.

Fotografía Nro. 5

El señor Félix Pérez Solís, luego de la entrevista.

CAPÍTULO III

METODOLOGÍA

3.1. Ubicación del municipio de Chimoré

El Trópico de Cochabamba está constituido por tres municipios: Chimoré, Puerto Villarroel, Villa Tunari y dos Agencias Cantonales: Entre Ríos y Shinahota.

El Municipio de Chimoré constituye la Cuarta Sección Municipal de la Provincia Carrasco del Departamento de Cochabamba. Al Norte y Este limita con la Provincia Chapare, al Oeste con la Provincia Ichilo de Santa Cruz, al Sureste con el Municipio de Puerto Villarroel y al Sur con los Municipios de Pojo y Totora. Se encuentra en la carretera interdepartamental Cochabamba – Santa Cruz a 190 km. al noreste del departamento de Cochabamba y a una altitud de 225 msnm. Sus principales ríos son el Chapare, Ichilo, Chimoré e Isarzama.

Su territorio comprende una extensa llanura de bosque subtropical húmedo, su clima es caliente y húmedo, con una temperatura máxima de 39°C y una mínima de 11°C. El invierno (estación seca) comienza a fines de mayo y abarca hasta alrededor de principios de septiembre. El verano (estación húmeda) comienza a fines de octubre y se extiende hasta mayo. La precipitación fluvial media es de 600 mm. con una marca mínima de 100 mm. entre los meses de enero y Julio.

La Cuarta Sección Municipal, se encuentra ubicada al norte de la Provincia Carrasco, de acuerdo a las Cartas del Instituto Geográfico Militar, las coordenadas respecto al meridiano de Grenwich son 16° 59′ 42" de latitud sud y 65°57′ 17"· de longitud oeste, en la zona de transición entre pie de monte subandino y los llanos orientales.

Chimoré como Sección Municipal, consta de una superficie total de 2.817 kilómetros cuadrados, lo que equivale a 281.700 hectáreas, de las cuales 46.409 hectáreas están ocupadas por asentamientos humanos de colonizadores. En el municipio existen tierras comunitarias de origen con una extensión de 115.335,89 hectareas: La etnia Yuqui cuenta con un territorio de 23.067,17 hectáreas, mientras que el territorio de los yuracareés cuenta con 92.268,68 hectáreas. La extensión territorial del Municipio de Chimoré presenta pisos altitudinales de serranías comprendidos entre los 220 a 560 msnm y llanuras entre 120 a 150 msnm, de 125 a 200 msnm correspondientes a la llanura fluvial de la subcuenca del río Chimoré y por último de 1.000 a 3.100 msnm de serranías medias de cimas subredondeadas del Parque Nacional Carrasco.

En cuanto a la division político administrativa, se tiene que la Cuarta Sección Municipal de la Provincia Carrasco, creada durante la presidencia del Dr. Hernan Siles Zuazo mediante Ley N. 633 del 13 de septiembre de 1984, está conformada por 11 Distritos, de acuerdo a la Resolución municipal N. 228/99 aún vigente, cada uno de los Distritos conformado en base a las Centrales con sus Sindicatos y centros poblados con sus Juntas Vecinales. Dos Distritos corresponden a territorios indígenas y 9 distritos colonizados, según se detalla en el Cuadro Nro. 3.

Fotografía Nro. 6

Plaza principal de Chimoré

Cuadro Nro. 3

Distritos y Organizaciones de Base del Municipio de Chimoré

N.	NOMBRE DE LAS CENTRALES	REFERENCIA	N. DE SINDICATOS	N. DE JUNTAS VECINALES
I	Centro urbano	Centro poblado	1	7
II	Progreso	Sindicato	5	
	Tacuaral	Sindicato	11	
III	5 de Febrero	Sindicato	7	
	Santa Rosa	Sindicato	9	
IV	6 de Agosto	Sindicato	8	
	Nueva Esperanza	Sindicato	9	
	Puerto Aurora	Sindicato	3	
V	Chimoré	Sindicato	8	
	Chimoré B	Sindicato	5	
VI	Puerto Aurora	Sindicato	6	
VII	TCO[31] Yuqui-CIRI[32]	Comunidad	9	
VIII	TCO Yuracareé	Comunidad	13	
IX	Parque Nal. Carrasco	Area protegida		
X	14 de Enero	Comunidad	5	
	1 de Agosto	Comunidad	7	
	Estaño	Comunidad	5	
XI	San Andres	Comunidad	13	
Total			124	7

Fuente: Plan de Desarrollo Municipal de Chimore, 2005.

---

[31] TCO, Tierra Comunitaria de Origen.
[32] La sigla CIRI corresponde a Consejo Indígena Río Ichilo.

CROQUIS DE UBICACIÓN

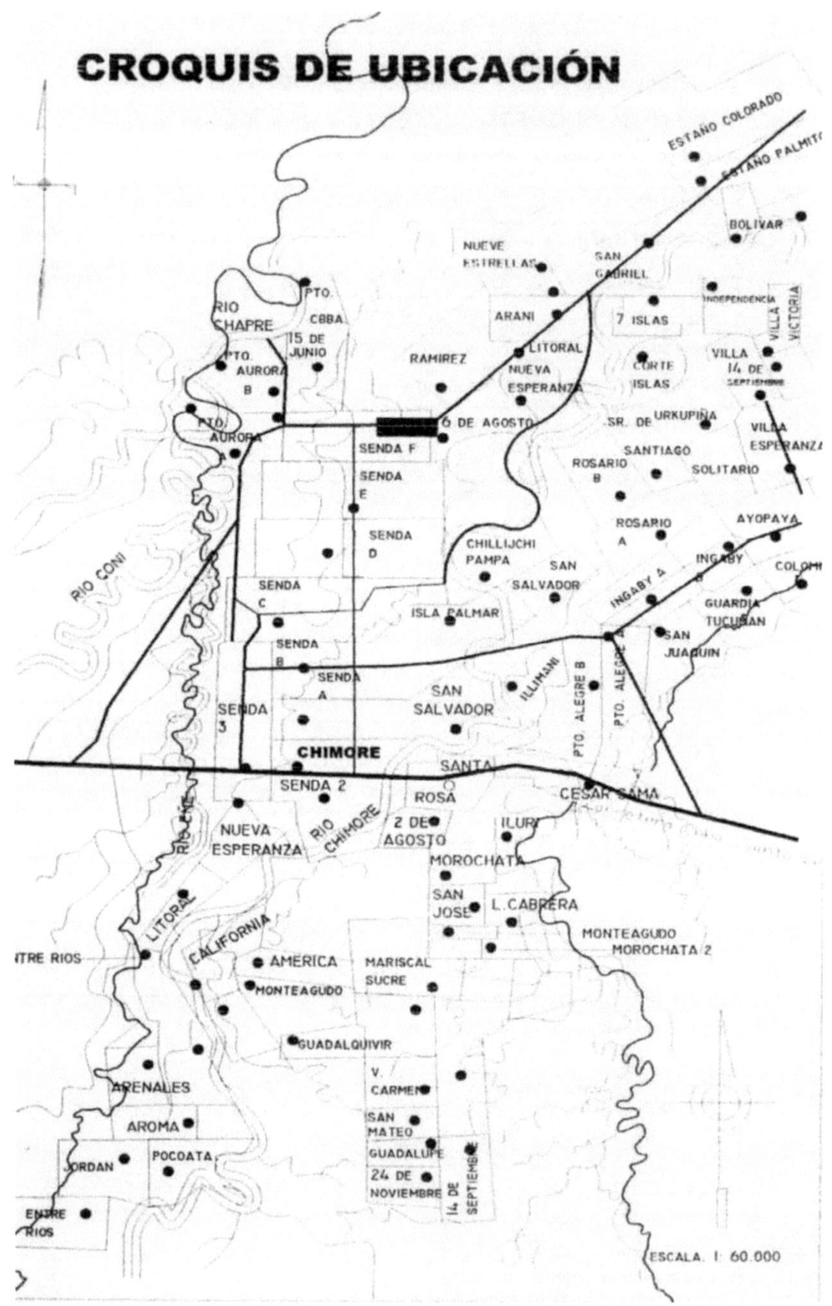

Fuente: Direccion de Urbanismo, Municipio de Chimoré, 2008.

Cuadro Nro. 4

Distribución de Comunidades y/o Juntas Vecinales por Distritos

DISTRITO	CENTRAL	COMUNIDADES Y/O JUNTAS VECINALES
I	Chimoré	❖ Chimorecillo, El Naranjal, La florida, Los Jazmines, Nueva Generacion, Panamericana, Senda 3, Senda2
II	Progreso Tacuaral	❖ Aroma, Independiente, California, Monteagudo, Nueva América, Tres Crucees. ❖ 12 De Julio, Entre Rios, Eñe Alto,Isla Agraria, Isla Villarroel, Jordan, Litoral, Nueva Esperanza, Pocoata, Rio Grande, Samaipata
III	5 de Febrero Santa Rosa	❖ Los Majos, Ladisla Cabrera, Monteagudo Chico, Morochata, San Jose Alto, San Marco, 2ª Morochata. ❖ 2 De Agosto, Cesarzama, Churocurichal, Iluri, Mojinete, Santa Rosa, Valle Hermoso, Población Cesarzama, Poblacion Vallehermoso.
IV	6 de Agsoto Nueva Esperanza Puerto Aurora	❖ Chillijchi, Pampa, Guardia Tcuman, Ingavi B, San Joaquin, San Salvador A, Señor de Santiago. ❖ 14 de Septiembre, Gualberto Villarroel, Independencia, Litoral, Siete Islas, Solitario, Urcupiña, Villa Esperanza, Villa Victoria ❖ Ingavi A, Puerto Alegre A, Puerto Alegre B.
V	Chimore Chimore B	❖ Carmen Variante, Illimani, Isla Palmar, Jerusalen, San Salvador B, Senda A, Villa Esperanza, Senda B, Nueva Canaán, Senda C Oeste. ❖ 27 de Octubre, Isla, SendaE, Senda C Este, Senda D, Senda E, Villa Porvenir.
VI	Puerto Aurora	❖ 15 de Julio, 18 de Agosto, Carmen Coni, Población Puerto Aurora, Puerto Aurora A, Puerto Aurora B.
VII	TCO Yuqui-CIRI TCO yuqui	❖ Biarecuate, Puerto Las Flores, Tres Islas, Tres Bocas, Capernaum. Santa Isabel. ❖ Consejo Pequeño Progreso, San Salvador, Consejo Pequeño Playa Alta.

DISTRITO	CENTRAL	COMUNIDADES Y/O JUNTAS VECINALES
VIII	TCO Yucacareé	❖ Zona Baja: Remanzo, Betania, Santa Anita, El Carmen. ❖ Zona Media: Nueva Esperanza, Monte Verde, Limoncito, Barranquilla, Trinidadcito. ❖ Zona Alta: La Mision, Puerto Cochabamba, Puerto Victoria, Monte Sinaí.
IX	Parque Nal. Carrasco	Area Protegida
X	14 de Enero 1 de Agosto Estaño	❖ Arani, Corte Islas, Nueva Estrella, San Gabriel, Urb. 14 de Enero. ❖ 21 de Septiembre, 6 de Agosto, Islas Nueva Esperanza, Nueva Litoral, Ramirez, Población Senda F, Senda F Abanico. ❖ Nueva Bolívar, Estaño Colorado, Estaño Palmito, Puerto Bilbao, Santa Lucia.
XI	San Andres	❖ 14 de Sepiembre, 24 de Noviembre, Asuncion de Guarayos, Guadalupe, Mariscal Sucre, Maribel, Peña Colorada, San Juan Alto, San Juan Bajo, San Mateo, Santa Maria Virgen del Carmen, Población Alto San Juan

Fuente: Plan de Desarrollo Municipal de Chimore, 2005.

3.2. Metodología de la Investigación Participativa Revalorizadora (IPR)

La investigación participativa es una opción metodológica, un enfoque que encara el desafío de generar conocimiento con los actores sociales de una realidad; para que ellos, los actores sociales, asuman el poder de transformarla correctamente. Implica que entiendan el desarrollo como procesos endógenos, formulados y conducidos por los grupos de base. Otro aspecto de la investigación participativa, es que los investigadores perciban, que conocer la realidad es un espacio de aprendizaje en el que dialogan el conocimiento popular y el científico, partiendo del presupuesto ético que ambos son igualmente válidos y valiosos. El investigador participativo se involucra en forma activa en los procesos de generación de conocimiento de la población y ésto le crea responsabilidad.

Los investigadores que optan por la investigación participativa, no sólo son meros usuarios del repertorio de técnicas participativas, sino que forman parte de un movimiento de investigadores. Ellos debaten permanentemente sus experiencias para profundizar con base empírica la contrucción teórica de temas como el rol del investigador, la naturaleza de la participación, el concocimiento popular/local, la autonomía, la visión de desarrollo. (Salas y Tillman, 2004)

El enfoque de la investigación participativa es revalorizadora, en el que se considerarán aspectos productivos, sociales, culturales, económicos y ambientales, dentro de los Métodos y Técnicas de Investigación.

3.3. La estrategia metodológica de la investigación

La Investigación Participativa, cuenta con la experiencia, el conocimiento y las habilidades de las personas mayores, de sus experiencias, como recursos que posibilitan el proceso de capacitación.

La Investigación Participativa, considera que una persona mayor ya sea agrónoma, técnica, productora, investigadora, posee ciertas características como:

Concepto de sí mismo, las personas mayores poseen una imagen formada en base a sus vivencias, con errores y aciertos. Cuentan con opciones para solucionar problemas y nuevos desafíos, empleando el sentido común, empleado por ellos como una condición más para aprender.

Aprendizaje por experiencia, la experiencia ha formado una serie de conocimientos.
Disposición para aprender, las personas tienen intereses concretos y prácticos de conocimientos, que estan en relación directa con su situación de trabajo.

El tiempo y el espacio, los adultos que quieren aprender se concentran en el ahora y el aquí, sin divagar con hechos, sucesos o experiencias de tiempos y espacios ajenos.

3.4. El diálogo de saberes, sus bases filosóficas

Tomando en cuenta la relación socio-cultural de las personas hacia las plantas y animales, podemos observar una serie de prácticas o manifestaciones culturales como mitos, ritos, oraciones, canciones, danzas y leyendas. Esta situación nos muestra la complejidad del entrelazamiento entre el conocimiento teórico y el cultural. Nos indica la forma de relacionarse con la naturaleza, de donde nace el conocimiento, el saber agrícola del campesino.

Para una aproximación filosófica al diálogo de saberes es necesario considerar las siguientes interrogantes:

- ¿Cómo es el conocimiento agrícola de la población con las que interactuamos?
- ¿Cómo tomamos en consideración a la población?
- ¿Qué aspectos compartimos los actores y en que nos diferenciamos?
- ¿En base a que principios de conocimiento podemos compartir una base común para generar soluciones?
- ¿Tomamos en cuenta a las diferencias de conocimiento de acuerdo a las dimensiones de género y generacionales de un grupo social?

La toma en cuenta de estas interrogantes permite sentar bases sistemáticas para un diálogo de saberes. La investigación está orientada hacia la promoción de los procesos endógenos de conocimiento en interacción con los sistemas de conocimiento científico.

3.5. Sistemas de conocimientos

El conocimiento es una construcción social que los miembros de un grupo practican dentro de los esquemas y las categorías propias de su cultura.

Para distinguir un sistema de conocimientos de otros, es necesario considerar los siguientes aspectos:

1. Cómo es que un grupo determinado de personas sabe lo que hace. Qué explicaciones da cada grupo respecto a lo que conoce. Este tipo de conocimientos nos permitira entender como ellos aprenden, cómo explican los fenómenos de la realidad.

2. Considerar el aspecto de la innovación en el sistema de conocimiento. Cada sistema de conocimiento cambia a distintos ritmos, por diferentes razones, bajo condiciones específicas.

3. Cómo se comunica o transmite el conocimiento, de qué manera se hace comprensible a las generaciones venideras.
4. El poder a través del conocimiento de relaciones políticas existentes entre los miembros de una comunidad.

El diálogo, es necesario entre los sistemas de conocimiento, la comunicación antes que la transferencia para que el proceso de diálogo de saberes establezca la relación equitativa entre los interlocutores.

La Investigación Participativa, es el enfoque que genera el desafío de crear conocimiento con los actores sociales de una realidad, para que ellos asuman el poder de transformarla creativamente.

3.6. Criterios de selección de comunidades/sindicatos

Antes de iniciar el trabajo de investigación se ha realizado un análisis para determinar los criterios de selección de comuidades y/o sindicatos del Municipio de Chimoré.

El Municipio de Chimoré cuenta con 109 sindicatos, de los cuales 33 sindicatos cuentan con presencia o desarrollo de actividades pecuarias, sobre todo ganado vacuno, porcino y aves de corral.

El Municipio de Chimoré políticamente esta dividido en 11 Distritos. Dos Distritos, el 7 y el 8 comprenden a 22 comunidades de pueblos originarios, denominados TCOs, donde la actividad pecuaria es completamente baja. Los 11 Distritos agrupan a 131 organizaciones comunales (Sindicatos y Juntas Vecinales).

Los Distritos con mayor presencia de ganado vacuno son: El Distrito 1, Central Chimoré; el Distrito 5, Central Chimoré B y Chimoré y el Distrito 10, Central 1 de Agosto y Central Estaño.

Los criterios de selección de las personas a ser entrevistadas y para el llenado del cuestionario, dentro de las comunidades o sindicatos fueron:

- Cantidad de ganado (bastante, promedio, poco)
- Mujer/hombre
- Tenencia de tierra (bastante, poco)
- Forma de crianza (familiar, comercial-granja)

Se realizaron 3 entrevistas por comunidad/sindicato.

3.7. Métodos aplicados para la recoleccion de la información

1. Observación participante.- Es el método básico de campo. Cuando un investigador se traslada a una comunidad por un tiempo y vive en ella para conocerla. Establece un contacto interpersonal con la población, guardando un repertorio de comportamientos que le permiten acercarse y distanciarse de los procesos de vida cotidiana de la comunidad. La finalidad de la observación participante es ir entrando en la realidad local que otros viven y aprenden a valorar de sus puntos de vista y experiencias.

1er. Momento: Conociendo el contexto: A fines de abril de 2004, me trasladé a la localidad de Chimoré, para el trabajo de Docencia. La permanencia dentro del pueblo me permitió recibir información sobre los trabajos del Programa de Desarrollo Alternativo Regional (PDAR) y sus impactos dentro de la población, sobre todo dentro de la producción agropecuaria y dentro de los productores de la hoja de coca. Esta vivencia permitió determinar las cuestionantes y el tema, que a corto tiempo darían a establecer y seleccionar el lugar de estudio, la recolección de testimonios y sistematización de datos del trabajo de la investigación.

2. Entrevista semi estructurada.- Se trata de una interacción entre dos personas, el entrevistador (que propone las preguntas) y el entrevistado (que expone sus puntos de vista a la preguntas del entrevistador). Entre ellos media el interés de abordar un tema que es de dominio del entrevistado, sobre el cual él puede explayarse mediante preguntas abiertas que el entrevistador le plantea.

2do. Momento: Elaboración de entrevistas: Elaborado el tema para las entrevistas y seleccionado a las personas por entrevistar. Por un lado, se les comunicó con anticipación la idea de realizar la entrevista-diálogo con fines de lograr información sobre el tema. Los resultados de las entrevistas fueron exitosos y los datos como testimonios enriquecedores y valiosos. Por otro lado, para las entrevistas y el llenado de los cuestionarios se recurrió a personas, hijos del lugar conocedores de la realidad y de las personas a entrevistar, a fin de lograr una mayor confianza y datos más exactos. Los "encuestadores" fueron debida y previamente capacitados sobre el contenido del cuestinario. Las entrevistas y el llenado del cuestinario, fueron realizadas en 14 lugares del Municipio de Chimoré. Las entrevistas fueron individuales y en algunos casos con la participación de otros miembros de la familia. Teniendo 3 cuestionarios por sindicato/comunidad, haciendo un total de 42, más las entrevistas debidamente registradas.

Las entrevistas, para lograr datos sobre la historia del pueblo de Chimoré, fueron realizadas seleccionando a las personas que participaron, del proceso de formación y creación del pueblo.

3) Visualización.- Es la columna vertebral de los eventos grupales participativos. Al colocar ideas, opiniones, comentarios sobre papelógrafos que están a la vista de todos, lo efímero de las palabras adquiere una presencia material. Los involucrados en un grupo pueden referirse a lo visualizado como un foco que orienta una presentación, la discusión, etc. La visualización es un método y un arte, pues incluye la trascripción escrita así como la realización de gráficos, dibujos de conceptos, ideas. (Salas y Tillman, 2004)

3er. Momento: Preparación de grupos de trabajo: Este método se ha empleado con grupos pequeños de 3 a 5 personas como promedio, mediante el cual, se trató de establecer la estructura y disposición en el mapa de Chimoré, de los primeros lugares habitados y de las primeras casas que habian, dentro del proceso de formación del pueblo.

4. La interpretación hermenéutica.- Es un método que permite la construcción de un mensaje común que proviene de las fuentes originales, de textos; es decir, los testimonios que se visualizan, los contenidos de las entrevistas transcritas o las representaciones gráficas que elaboran los entrevistados, donde se someten a una interpretación en la cual ellos - no solo los investigadores - dan sus explicaciones, analizan lo que han manifestado y enriquecen sus percepciones iniciales.

La función del investigador es contribuir a aclarar los significados, preguntando sobre las motivaciones, el contexto, los sentimientos que los entrevistados han planteado en sus historias de vida, dibujos, gráficos o cualquier técnica que haya empleado.

4to. Momento: Historia de vida: El trabajo de la tesis fue presentado para su interpretación y validación, por aquellos que participaron dentro de las entrevistas, historia oral y recolección de datos.

5. La facilitación de procesos grupales.- Son diversas modalidades de trabajo con grupos en las que interactúan dos tipos de personas: Los facilitadores (o moderadores, capacitadores) y los participantes de un evento grupal. El facilitador propone las técnicas a un grupo con la finalidad de apoyar el proceso de aprendizaje, toma de decisiones, análisis, adquisición de conocimientos, etc. El objetivo de la facilitación es, como su nombre lo indica, que el grupo llegue a asumir el manejo de su problemática y a encontrar propuestas de solución en forma autónoma y responsable.

La facilitación de grupos es una función muy distinta y en parte opuesta a la enseñanza. En la primera, la generación de contenidos así como los procesos grupales tienen igual peso. En la segunda, solo cuentan los objetivos temáticos. Se podría decir que la facilitación consiste en que una o dos personas; los facilitadores, actúen como "parteros" de las ideas originales, que posee un grupo. Para ello es necesario que los facilitadores tengan habilidades metodológicas para estimular, motivar y acompañar al grupo, así como el manejo del tema del cual se trata.

5to. momento: Taller para validación de los resultados encontrados: Al final del trabajo, para su conclusión y presentación de las entrevistas, relatos de historia de vida y revisión bibliográfica, se procedió a la validación de toda la información dentro de un taller, la misma que se realizó en dependencias de la Iglesia de Chimoré, Centro de Catequistas.

3.8. Técnicas aplicadas para la recolección de la información

La entrevista.- Considerando los objetivos de la investigación se estructuró la entrevista según el tipo de informante:

> Entrevistas a dirigentes
>
> Entrevistas a pobladores, recolección de historia de vida
>
> Entrevistas a mujeres y varones por separado

La encuesta.- Primeramente se diseño un borrador, para luego presentarlo a AGRUCO y recibir observaciones y/o sugerencias. Una vez revisada y recogida las sugerencias se mejoró y posteriormente se validó la funcionalidad de la misma. Se afinó el instrumento y se procedió a la aplicación de la encuesta.

La encuesta se estructuró en base a la información de la entrevista cualitativa y observaciones de campo. La encuesta se lo realizó dentro de un cuestionario que contó con 72 preguntas distribuidas en 12 páginas y organizadas en 4 partes:

1era. Parte: Datos del entrevistado con 9 preguntas (del 1 al 9).
2da. Parte: Preguntas socioculturales, con 24 pregunas (de la 10 a la 33).
3era. Parte: Preguntas económicas, con 27 preguntas (de la 34 a la 60).
4ta. Parte: Preguntas ambientales, con 12 preguntas (de la 61 a la 72).

Cada encuesta o llenado del cuestionario, en su aplicación tenía un tiempo promedio de 45 minutos de duración; sin embargo, en la mayoría de los casos sobrepasó este tiempo a una hora como promedio.

3.9. Fases metodológicas de la investigación

En el proceso investigativo se ha recurrido a varios isntrumentos para la recolección u obtención de los datos, los mismos que podemos agruparlos en 3 fases:

Primera fase.- Noviembre de 2007 a agosto de 2008

- Observación participante del espacio de entorno
- Contacto con autoridades del Municipio para la firma del Convenio
- Contacto y diálogo con personas colonizadores del pueblo
- Toma y recolección de datos, bibliografía y fotografías
- Entrevistas semiestructuradas.

Segunda fase.- Desde septiembre de 2008 hasta agosto de 2009

- Visitas planificadas
- Elaboración de los cuestionarios
- Capacitación de los "encuestadores"
- Elaboración del cronograma de trabajo de campo
- Selección de sindicatos/comunidades
- Entrevistas y llenado de los cuestionarios
- Recolección de datos a través del diálogo directo, observación y toma de apuntes.
- Visualización
- Interpretación hermenéutica
- Facilitación de procesos grupales

Cuadro Nro. 5

Diseño Metodológico

OBJETIVOS	NIVELES DE ANÁLISIS	VARIABLES DE ANÁLISIS	TÉCNICAS DE INVESTIGACIÓN
Describir los efectos socioculturales de la crianza de animales en el Municipio de Chimoré.	- Efectos en roles de la familia	- Niños - Varones - Mujeres	- Historia oral, recolección de datos, documentación. - Análisis cualitativos por medio de entrevistas y encuestas. - Grupo de discusión
	- Normas a nivel organizacional del sindicato.	- Tipos de normas - Usos y costumbres - Municipal	
	- Relación con la cultura Hombre – ganadería.	- Animales como objeto. - Animales como complemento	
Describir los efectos económicos de a crianza de animales en el Municipio de Chimoré.	- Ingresos por actividad agrícola ganadera.	- Venta de derivados - Venta directa	- Historia oral - Entrevistas - Formulario de ingresos familiares - Entrevista semiestructurales
	- Accesos al mercado.	- Locales - Regionales - Nacionales	
	- Organización espacial de la producción animal.	- Organización del chaco en porcentajes (agricultura, ganadería, forestal, servidumbre ecológica)	
Describir los efectos ambientales de la crianza de animales en el Municipio de Chimoré.	- Carga animal.	- Técnico - Local - Legal (25:1)	- Historia oral - Entrevistas - Talleres - Grupos de discusión
	- Fuentes alimenticias	- Vegetación natural. - Vegetación introducida.	
	- Expansión de la frontera ganadera.	- Diez años - Tres años - Proyecciones	

Tercera fase.- Agosto a septiembre de 2009

- Procesamiento
- Sistematización
- Análisis
- Interpretación de la información

3.10. Procesamiento, sistematización, análisis e interpretación de la información

Para procesar y sistematizar la información, proveniente de 42 boletas de encuestas referidas a los aspectos socio-culturales, económicos y ambientales de la crianza de animales, realizadas en el Municipio de Chimoré de la Provincia Carrasco del Departamento de Cochabamba, se utilizó el software para estadística SPSS tanto en la construcción de la base de datos como en la elaboración de las tablas y los gráficos.

a) Construcción de la base de datos:

En primer lugar, se diseño la base de datos definiendo el número de variables de acuerdo al número de preguntas que contenía la encuesta, luego se definieron el nombre, el tipo y las categorías para cada una de las variables cualitativas y cuantitativas. Posteriormente, se procedió a enumerar las encuestas para realizar el registro de los respectivos datos de las mismas, en la base de datos diseñados. En el proceso de transcripción de los datos, se tuvo que adicionar nuevas variables y crear nuevas categorías para algunas de las variables diseñadas. De este modo, se obtuvo una base de datos con un tamaño aproximado de 34 por 120 variables cuantitativas y cualitativas.

b) Elaboración de tablas y gráficos:

Como paso previo, a la elaboración de las tablas y gráficos, se realizaron tablas de frecuencias para cada una de las variables de la base datos, con el propósito de optimizar la definición del número de categorías para cada variable, mediante la observación de la distribución de los datos de cada una de ellas. Es así que, en muchos casos, fue necesario realizar una re-categorización para las variables que presentaban una dispersión alta de datos. Luego, se procedió a elaborar tablas simples para cada variable definida, tomando en cuenta las variables re-categorizadas. Posteriormente, se elaboraron las tablas definitivas tomando como referencia para realizar el cruce de variables, las variables referidas al Sexo, Estado Civil y Religión de los encuestados. Finalmente, se procedió a elaborar los gráficos tomando en cuenta las mismas variables para realizar el cruce de variables, definiendo simultáneamente sus características, en cuanto al tamaño, color, rotación y visualización de etiquetas para cada gráfico.

3.11. Limitaciones y alcances en el proceso de la investigación

Se presentaron limitaciones durante el preceso de la investigaión, los mismos que podemos resumir en:

a) **Limitaciones**

- Para la determinación de datos, fuentes y las visitas a archivos históricos, se precisa como se requiere de un presupuesto y tiempo adicional, con lo que el trabajo resultaría más enriquecido. Lastimosamente, para este trabajo no se contó con el presupuesto.

- Formas o procedimientos de acercamiento o relación con los "encuestados", quienes viven en zonas alejadas y dentro de las distintas "Sendas" del Municipio de Chimoré. Se requiere de movilidad para llegar a ellos muy temprano, antes que se dirijan a sus chacos a realizar sus actividades normales y cotidianas. El tema de la movilidad también fue una limitante durante el trabajo de campo.

- El horario para las entrevistas, diálogos y llenado de los cuestinarios, no siempre contó con la disponibilidad de las personas seleccionadas para tales eventos, por la disponibilidad de tiempo extra, frente a sus labores diarias.

- Al requerirse la colaboración de "encuestadores" jóvenes estudiantes del lugar, existió impresiciones en el llenado del cuestionario, pese al cursillo previo de capacitación y de las 3 opciones presentadas para recurrir al llenado del mismo.

- Debido a que la Alcaldía de Chimoré me proporcionó movilidad para días seleccionados, tuve que realizar un cronograma de salidas ajustado, con el objetivo de cubrir el trabajo de campo.

- Tiempo de espera, que significa tiempo perdido, para el procesamiento y sistematizaicón de la información dentro del programa SPSS.

b) Alcances

- Se ha logrado la cobertura deseada y recoger como sistematizar datos a base de diálogos, entrevistas y encuestas sobre la historia del pueblo de Chimoré y los primeros asentamientos humanos en el Trópico de Cochabamba.

- A través de las salidas para el trabajo de campo, se ha llegado a conocer más de cerca al Municipio de Chimoré; situación, que dentro de mis pocos años de estadía, resulta sumamente importante.

- La sistematización e interpretación de la información resulta sumamente importante para el Municipio de Chimoré, ya que los datos y resultados, pueden ser parte en la elaboración y ejecución de proyectos municipales.

CAPÍTULO IV

LA CRIANZA DE ANIMALES

4.1. Ganadería en el trópico de cochabamba

El Trópico de Cochabamba es una región natural que ocupa la parte noroeste del departamento de Cochabamba y abarca una superficie aproximada de 32.250 km2, representando el 57.97 % del territorio del Departamento. Se encuentra ubicado en el sistema de Cuencas del Río Mamoré.

Los límites del Trópico de Cochabamba están dados de Norte a Sud, desde el rió Sécure, hasta la divisoria de aguas en la cordillera del Tunari (Cordillera Oriental) y de Este a Oeste, desde el río Ichilo hasta la divisoria de aguas de la Cordillera Mosetenes.

Las subcuencas que forman parte del sistema fluvial son: río Chapare, cuyos afluentes principales son los ríos Espíritu Santo y San Mateo; río Chimoré, río Sajta, río Ichilo, que fluye en dirección Norte y el río Isiboro, que fluye en dirección Este, siendo todos, tributarios del rió Mamoré, que al unirse al río Abuná, forman el Madeira que desemboca en el río Amazonas.

Los Municipios que componen el Trópico de Cochabamba, se encuentran dentro de margenes altitudinales que van desde los 200 a 4.500 metros sobre el nivel del mar. Poseen una humedad relativa del 75 % al 95 %, precipitación anual de 2.000 a 5.000 mm; temperaturas que van desde los 15 a 34 grados centígrados y los suelos tienen un PH de 4,5 a 5,9.

La economía pecuaria en el Trópico de Cochabamba gira en torno a la ganadería bovina, donde más de 50.000 cabezas, de distintas razas, pastan parcelas de aproximadamente 8.000 familias. Esta actividad ganadera, representa el 70 % de importancia dentro de todas las especies que se crían en el Trópico de Cochabamba; el restante 30 %, corresponde a la

cría de cerdos, aves y en menor escala ovinos. El sistema de producción bovina está
representado por la siguiente composición de crianza de tipos de ganado:

Cuadro Nro. 6

Tipos de Ganado bovino existentes en el Trópico de Cochabamba

Carne	14%
Leche	48%
Doble propósito	38 %

Fuente: Diagnóstico de los Tipos y Calidad de Ganado en el
Subtrópico de Cochabamba, 2001. CONCADE (Counter
Narcorics Consolidation Affaire of Alternative Developments
Efforts).

De acuerdo a estos datos, se establece que cada familia posee en promedio entre 6 y 7
cabezas, presentando variaciones según las regiones; por ejemplo, en Ivirgarzama y Entre
Ríos la tenencia de ganado vacuno por familia varía entre 10 y 15 cabezas; en las regiones
de Villa Tunari y Chimoré, el número de cabezas es menor.

Considerando que la tasa de precipitación anual oscila entre 2.000 a 5.000 mm, el agua
constituye un factor importante y a menudo limitante en el desarrollo de la región.

Las principales características de estos sistemas se basan en el fuerte uso de mano de obra,
en un gran porcentaje manejado por la esposa y los hijos, debido a que generalmente no
existe infraestructura como corrales, cercos, etc. Aparte de la importancia económica, la
cría de ganado vacuno proporciona productos de origen animal de importancia, como la
leche, que del total de su producción, un 20 % se destina para consumo propio, el restante
80 % se destina al mercado.

Las tierras convertidas de bosques a pasturas son más propensas a la compactación y a la
erosión, especialmente bajo las prácticas actuales de manejo de tierras de pastoreo.

Es posible identificar 2 zonas bien definidas de producción bovina. Los sectores de Villa Tunari y Chimoré, tienen escasa población de bovinos y los productores poseen pequeños hatos. La mayor población ganadera esta en Ivirgarzama y Entre Ríos.

El 89 % de las propiedades ganaderas tienen predominancia de razas lecheras europeas (Holstein y Pardo Suizo). Éste es el factor determinante para que los animales sean fumigados cada 37 días contra parásitos externos.

Cuadro Nro. 7

Porcentaje de razas de ganado bovino del Trópico de Cochabamba

Pardo	38%
Holstein	30%
Criollo	10%
Holstein/Pardo	9%
Gyr	7%
Nelore	4%
Jersey	2%

Fuente: Diagnóstico de los Tipos y Calidad de Ganado en el Subtrópico de Cochabamba, 2001. CONCADE (Counter Narcorics Consolidation Affaire of Alternative Developments Efforts).

La división en 3 zonas de trabajo por CONCADE al Subtrópico Húmedo de Cochabamba (STHC), determinó los siguientes parámetros productivos:

ZONA A: Comprende las subregiones I, IV y V, considerando como centro principal a Villa Tunari.

ZONA B: Comprende la subregión III, considerando como centro principal a Chimoré.

ZONA C: Comprende las subregiones II, VI y VII, considerando como centro principal a Ivirgarzama.

4.1.1. Producción de leche

El promedio de producción en el Trópico de Cochabamba es de 4,1 litros /día/vaca; teniendo como referencia los siguientes datos por Zonas.

Zona A: 4,3 litros /día / vaca.

Zona B: 3,8 litros /día / vaca.

Zona C: 4,1 litros /día / vaca

4.1.2. Tenencia de ganado

El promedio de tenencia de ganado por familia en el Trópico de Cochabamba, es de 18,7 cabezas, dependiendo del área, teniendo como referencia, la siguiente tenencia por Zonas:

Zona A: 9,6 cabezas / familia.

 Zona B: 15,7 cabezas / familia.

 Zona C: 30,6 cabezas / familia

El 14 % de los productores están dedicados exclusivamente a la producción de carne (Nelore y Criollo), el 48 % están dedicados a la producción de leche (Holstein, Jersey y Gyr Holando) y el 38 % están dedicados a la producción de leche y carne (Pardo Suizo, razas de doble propósito).

Se observa que el 100 % de los productores disponen de agua, teniendo como fuentes principales ríos, norias, atajados y agua potable.

Cuadro Nro. 8

Disponibilidad de agua en el Trópico de Cochabamba

Río	50%
Vertiente	20%
Potable	15%
Atajado	15%

Fuente: Diagnóstico de los Tipos y Calidad de Ganado en el Subtrópico de Cochabamba, 2001. CONCADE (Counter Narcorics Consolidation Affaire of Alternative Developments Efforts).

4.1.3. Promedio de peso gancho en novillos

El promedio de peso gancho de novillos en el Trópico de Cochabamba, a los dos años es de 130 Kg., teniendo como promedio de engorde diario de 356 gramos de carne de peso vivo a 178 gramos peso gancho.

Zona A: El engorde de ganado en la Zona es de 136 Kg. en dos años, con alimentación básica de pasturas y suplemento de subproductos como banano, caña de azúcar, pasto de corte, saracacho picado y otros. Ésto se debe al manejo tradicional de animales amarrados.

En esta zona, el 67% de los productores da a su ganado sales comunes y el 33% le da sales minerales.

Es menor la incidencia del ataque de garrapatas; por tanto, se fumiga cada 47 días como promedio.

Zona B: Se tiene un promedio de 128 Kg. gancho en dos años, en esta zona los animales están en pastoreo, por lo que tienen mayor desgaste energético. El 47 % de los ganaderos le da a su ganado sales minerales y el 53 % sal común.

Zona C: Se tiene un promedio de 125 Kg. gancho en dos años, por presentar terrenos afectados o degradados (se ha demostrado). En ésta zona, los animales se encuentran en pastoreo. El 46 % de los ganaderos les da sales minerales y el 54 %, sal común.

4.1.4. Manejo del ganado bovino

En la ganadería del Trópico de Cochabamba se observa lo siguiente:-

- El ganado en el Trópico de Cochabamba presenta demasiado grado de consanguinidad.

- En su mayoría, los ganaderos no rotan sus potreros ni los dividen, causando un sobre pastoreo y degradación de las pasturas.

- Se ha observado que no se hace un destete programado, los terneros se destetan en forma natural, bajando de esta manera la producción de leche.

- El 81 % de los productores de ganado crían ganado por su carne, y su leche. Los productores obtienen diariamente un promedio de 4,1 litros, lo que les permite ganar aproximadamente $us 5,00 al día sobre la producción de leche. (Ardaya Javier, 2004)

- En el caso de los machos para engorde, la mayoría de los productores no castran, ni los separan de las hembras del hato, no existiendo selección.

- El 94 % cuentan con potreros o pasturas; el 56 % tienen dos o más divisiones de sus pasturas o potreros. El 6 % no tienen potreros; sin embargo, se observa un desarrollo bueno de los pastos.

4.1.5. Alimentación del ganado bovino

La alimentación del ganado se basa sólo en pastos. La práctica del pastoreo sin control o divisiones es muy extendida y causa la degradación de las pasturas en casi todas las propiedades, debido al sobre o subpastoreo. Son muy pocos los productores que proporcionan suplementos nutricionales a su ganado, lo que genera índices bajos de productivad. Se observa una predominancia de las Brachiarias en pasturas.

Cuadro Nro. 9

Porcentaje de pasturas en el Trópico de Cochabamba

Brachiaria	85%
Sarak'achu	5%
No tiene pastos	5 %
Kudzú	2%
Ramoneo	2%
Cañuela	1 %

Fuente: Diagnóstico de los Tipos y Calidad de Ganado en el Subtrópico de Cochabamba, 2001. CONCADE (Counter Narcorics Consolidation Affaire of Alternative Developments Efforts).

La mayoría de las pasturas del Trópico de Cochabamba, abarcan superficies de 20 hectáreas, solo en el extremo este, las pasturas superan esta extensión.

Fotografía Nro. 7

La alimentación del ganado se basa solo en pastos. No existe control o divisiones, lo que causa la degradación de pasturas y bajo rendimiento de ceba.

Fotografía Nro. 8

Los productores recurren a prácticas y conocimeintos locales transmitidos por los padres en la atención del recién nacido, como en el manejo de los animales.

4.1.6. Reproducción del ganado bovino

Las tasas de reproducción son preocupantes, los productores no llevan registros y no existen programas de selección del ganado; debido a ello, se tiene una baja calidad genética de los hatos representado por la consanguinidad de los animales.

4.1.7. Sanidad animal

Las pérdidas por enfermedades curables podrían dividirse en dos grupos: Por un lado, las enfermedades como la brucelosis con baja prevalencia y por otro lado, Rinotraqueitis Infecciosa Bovina, conocida como EBR, de alta prevalencia.

Si bien es cierto que son curables, ocasionan enormes pérdidas, que el ganadero solo tiene que realizar prácticas preventivas para su control.

Otro de los mayores inconvenientes en la producción ganadera en el Trópico de Cochabamba, es la existencia de parásitos externos e internos, ya que éstos afectan la producción tanto de leche como de carne.

En la Zona A, se fumiga cada 47 días, según datos de encuesta por CONCADE a productores.

En la Zona B, se fumiga cada 33 días y en la Zona C, cada 26 días.

Los principales problemas sanitarios en bovinos son los parásitos internos y externos (sobre todo garrapatas), como ya se ha señalado, también es demasiado frecuente las verrugas (papilomatosis) y complejo de hemoparásitos. En el sector de Ivirgarzama y Entre Ríos, se reporta también la presencia de mastitis en vacas lecheras. Una de las enfermedades virales más importante dentro del sector ganadero, es la fiebre aftosa que resulta una limitante para los productos de exportación.

En la actualidad, la región no cuenta con un Calendario de vacunaciones y de sanidad animal.

4.1.8. Infraestructura productiva

Todas las zonas del Trópico de Cochabamba, cuentan con una infraestructura vial óptima para el desarrollo de la actividad ganadera.

En cuanto a la infraestructura productiva, ésta comprende galpones de ordeño y establos, que por zonas, presenta las siguientes características:

- En la Zona A, el 11 % de los productores cuenta con infraestructura para un manejo del ganado, contando con un manejo tradicional, el 46 % tiene a su ganado amarrado (también tradicional).

- En la Zona B, el 19 % cuenta con infraestructura básica y el 13 % maneja amarrado.

- En la Zona C, el 71 % cuenta con infraestructura básica, todo el ganado está en pastoreo.

4.2. Situación de la crianza de animales en el municipio de Chimoré

La crianza y tenencia de ganado en la Sección Municipal de Chimoré, cumple un papel importante en la economía de las comunidades campesinas, constituyéndose en una especie de reserva de recursos económicos; también representa una reserva anual que aporta en términos de insumos a la producción agrícola (estiércol) y tracción animal (trabajo).

La producción se basa en la crianza de vacunos, porcinos y aves de corral. La producción bovina es la más tradicional y la cría de equinos en pequeña escala, principalmente para que sean útiles en los trabajos agrícolas como tracción y transporte de carga.

Por las características ambientales, edáficas y relativa producción ganadera de los primeros colonizadores, parte de la Sección Municipal de Chimoré ha sido considerada para la explotación ganadera, como alternativa viable en la economía familiar. La crianza de ganado mayor y menor en Chimoré es generalizada, se considera como una actividad complementaria a la agrícola. La Sección Municipal de Chimoré tiene la siguiente población animal:

Cuadro Nro. 10

Población de animales por especie en el Municipio de Chimoré

Especie	Total	%
Bovino	4.910	11
Ovino	83	0.02
Caprino	27	0.01
Porcino	1.244	2.8
Gallinas	36.277	81.6
Patos	1.905	4.3
Pavos	0	0
Total	44.446	100

Fuente: PDM, Chimoré 2005 y PDAR Villa Tunari, 2004.

4.2.1. Tecnología y manejo del ganado bovino

El manejo es tradicional, no utilizan tecnologías apropiadas en la atención de sus animales, el pequeño agricultor tiene una infraestructura precaria que carece de condiciones adecuadas de protección de las inclemencias medioambientales como la lluvia, el viento, el calor y de los parásitos que ocasionan serias lesiones y enfermedades.

Todas las especies "criollas" que la población cría lo realiza rusticamente, donde no invierte significativamente para el mejoramiento o la atención de los mismos, donde los establos o corrales generalmente consisten en cercos de madera de especies locales; cobertizos que no representan protección de las inclemencias del tiempo, representan las causas principales de la mortalidad.

La crianza de ganado bovino, lo realizan mediante el sistema de pastoreo libre en las praderas durante todo el día, por la noche son reunidos en un corral; en este sistema, no hay tiempo para que la pradera se recupere, las especies más agresivas de la pradera invaden la misma y el deterioro de los suelos es rápido hasta su degradación irreversible.

Pocos agricultores emplean un sistema rotatorio, en el cual la pradera es dividida en varias partes. El pastoreo se realiza en uno de estos terrenos durante un tiempo, luego en el siguiente, haciendo rotación, de esta manera se permite la recuperación de la pradera.

El Instituto Boliviano de Tecnología Agropecuaria (IBTA) en los años 1980 a 1990, han realizado ensayos para mejorar praderas con pastos introducidos y leguminosas forrajeras de mayor valor nutritivo y mejoradoras de la fertilidad del suelo.

Entre las especies de leguminosas forrajeras más importantes están: el kudzú (*Pueraria phaseliodees*), Maní forrajero (*Arachis pintoi*), Calopogonio (*Calopogonium muconoides*), Archer (*Macrotyloma arcillare*), Guandul (*Cajanus cajan*), Laucaena (*Laucaena emcocéphala*) y Mucura (*Mucura pruriens*).

Cuadro Nro. 11

Variedad de pastos forrajeros del Trópico de Cochabamba

N.	Nombre científico	Variedad
1	*Brachiaria brizantha*	Brizantha
2	*Brachiaria decumbus*	Decumbens
3	*Brachiaria humidícola*	Humidícola
4	*Brachiaria dictyoneura*	Dictyoneura
5	*Brachiaria ruziziensis*	Ruziziensis
6	*Panicum maximun*	Tanzania
7	*Panicum maximun*	Mombasa
8	*Setaria anceps*	Setaria
9	*Penisetum purpureum*	Camerún
10	*Penisetum purpureum*	Taiwán

Fuente: SEFO SAM, 2005.

La tecnología empleada para la implantación de praderas es manual, aunque parece un método rudimentario, es el más apropiado, dadas las condiciones del suelo. La implantación de praderas generalmente, se realiza en terrenos en descanso, luego de varios cultivos.

Para un mejor aprovechamiento del apoyo que brindan instituciones del desarrollo alternativo, se han formado varias asociaciones dedicadas a la producción pecuaria, es importante mencionar que muchos miembros de estas asociaciones no son ganaderos exclusivamente; al contrario, ellos tienen cultivos económicamente más importantes y pertenecen a asociaciones de productores de esos cultivos.

La crianza de porcinos se realiza mediante la alimentación con desechos vegetales y pastos forrajeros en el período de engorde y posteriormente, son comercializados.

La crianza de aves de corral como gallinas, patos, etc., lo realizan a campo abierto. Estos animales tienen características domésticas, debido a que contribuyen en la dieta familiar y se recurre a la venta de éstos, cada vez que requieren de dinero en efectivo para otros fines.

Cuadro Nro. 12

Asociaciones de Ganaderos del Municipio de Chimoré

Localidad	Sigla	Nombre
Alto San Juan	AIAGRO - ALTO SAN JULIÁN	Asociación Integral de Agropecuarios Alto san Juan
Ayopaya	ADEPIA	Asociación de Productores Integrado Ayopaya
Ayopaya	ADEPIA-M	Grupo de Mujeres Asociadas de productores Integrado Ayopaya
Entre Ríos	AGPLER	Asociación de Ganaderos y Productores de Leche Entre Ríos
Entre Ríos	ASINPALT	Asociación Integral de Productores Agropecuarios de Leche Tradicional
Estaño Palmito	ASPROAGRO	Asociación de Productores Agropecuarios
Independencia	ASAGROIND	Asociación Agropecuaria Independencia
Media Luna	AIPAM	Asociación Integral de Productores Agropecuarios Media Luna
Mirabel	AIPAM-I	Asociación Integral de Productores Agropecuarios Mirabel
Ramírez	AIPAR	Asociación Integral de Productores Agropecuarios Ramírez
Santa Rosa	PROASPA - SANTA ROSA	Productores Asociados de Palmito Santa Rosa
Senda A	PROASPA - SENDA A	Productores Asociados de Palmito Grupo Senda A
Senda C	ASPAYGAM	Asociación de Palmiteros y Ganadería Múltiple
Senda C	CITRAL	Citral
SendaD	ASPEGA	Asociación de Pequeños Ganaderos
Senda E	APROASE	Asociación de Productores Agropecuarios Senda E
Senda F	AGACIA	Asociación de Ganaderos Central 1 de Agosto

Fuente: Proyecto CONCADE, 2004.

4.3. Efectos socioculturales de la crianza de animales

A través de los siglos se han producido flujos inmigratorios de misioneros, colonizadores y comerciantes. Pero fue recién a mediados del siglo XX, cuando se llegó a ocupar gran parte del territorio que comprende el Trópico de Cochabamba. En 1946 se contaba con una población de 3.000 familias. Esta población creció precipitadamente, cuando el Gobierno de Bolivia de ese entonces, promovió la región con fines de alivio a la pobreza en 1967. La construcción de una carretera hacia el Trópico de Cochabamba en 1972, impulsó más la colonización. Hacia 1976, la población había aumentado a 117.000 habitantes. (Kernan, 1998)

Muchos más inmigrantes se vieron atraídos a la zona en la década de los 80, cuando las ventas internacionales de hoja de coca estaban en su apogeo.

Los cinco municipios que componen el Trópico de Cochabamba, representan una población de 178.769 habitantes. El 60 % de la población es masculina y el 40 %, es femenina. La zona alrededor de Villa Tunari, Zona oeste, experimentó un incremento poblacional de 1,16 % entre 1992 y 2001. Las Zonas de Chimoré y Puerto Villarroel han tenido una tasa de crecimiento de 6,3 % y 5,0 % respectivamente. La tasa de analfabetismo es del 77 % en promedio[33].

Las motivaciones que subyacen a la crianza de animales domésticos en el Trópico de Cochabamba no son puramente comerciales y distan mucho de ser de origen industrial. La mayoría de las familias del Trópico de Cochabamba, nunca han manejado grandes cantidades de animales o hatos ganaderos y sus experiencias provienen de sus tierras originales en los Valles y el Altiplano de Bolivia, donde criaban una diversidad de animales domésticos para consumo doméstico y venta, al lado de unas cuantas cabezas de ganado para trabajo (bueyes). Este es el mismo sistema de crianza, con algunas otras particularidades propias de la región, que se observa en el Trópico de Cochabamba.

---

[33] Datos Instituto Nacional de Estadistica (INE), 2001.

Los pequeños productores tienen una relación diferente con sus hatos y animales, comparado con los productores que manejan operaciones comerciales grandes. Para el pequeño productor, el ganado y sus animales son como una cuenta de ahorros y el número de animales está directamente relacionada con su idea de seguridad. Un hato pequeño de raza mejorada puede aumentar la producción de leche, pero es un riesgo mayor, al de un hato más grande de mestizas productoras.

La crianza de animales tiene razones más sentimentales para el productor. La manera en que estos productores manejan sus vacas, acercándoseles y pasteándolas a pie y no a caballo, adorándolas con hermosos cabestros, sugiere una relación que rebasa los motivos puramente comerciales.

4.4. Organizaciones sociales existentes dentro del municipio de Chimoré, el sindicato

Los colonizadores que se dirigieron hacia el Trópico de Cochabamba, en procura de nuevos asentamientos, llevaron consigo prácticas sociales que ya estaban arraigadas en su lugar de origen, entre ellas la organización sindical. El Sindicato es para el colono el instrumento que le sirve para enfrentarse a los problemas de sobrevivencia en las nuevas condiciones. Cada miembro del Sindicato está obligado a participar activamente en la organización y realización de trabajos, como ser apertura o mejoramiento de caminos, construcciones de infraestructura y otros.

El Sindicato, mediante sus dirigentes, se ocupa de tramitar ante los organismos del Estado la legalización y consolidación del derecho propietario sobre la tierra de sus afiliados. En sus relaciones intercomunales o en aquellas que surgiesen con otras instituciones privadas o estatales, el Sindicato está presente y es el que autoriza o no cualquier transacción o acuerdos que incumban a la comunidad.

Los Sindicatos tienen una estructura piramidal: un grupo de **Sindicatos** forman una **Central** y un grupo de Centrales conforman una **Federación** en un territorio dado. En el Trópico de Cochabamba existen 607 Sindicatos de base, agrupados en 54 Centrales, y éstas a su vez en cinco Federaciones, las que se reúnen en un **Comité Coordinador** que es una instancia donde se trata y coordina las acciones más vitales que enfrentan los productores de coca.

La Organización de Base más representativa en la Sección Municipal de Chimoré, es el "Sindicato", siendo la forma más organizada y funcional, en comparación a organizaciones similares de otras regiones del país. Además del Sindicato o comunidad campesina se encuentran las Juntas Vecinales y Pueblos Indígenas, denominados OTBs.

En Chimoré, se tiene a la Federación Especial de Trabajadores Campesinos del Trópico de Cochabamba (FETCTC) y en torno a ella están las 14 Centrales Sindicales, que en su composición tiene dirigentes de los Sindicatos de las comunidades. La sede de funcionamiento de la Federación es la capital del Municipio.

Los Sindicatos campesinos, que son las instancias primarias de la representatividad de las Organizaciones Territoriales de Base (OTBs), operan a nivel de cada comunidad campesina y dentro del Municipio son 11 y 22 comunidades indígenas, sus sedes de funcionamiento son las comunidades. La participación de la mujer en la dirección de las organizaciones sindicales es baja.

4.5. Organizaciones territoriales de base y asociaciones comunitarias

En la Sección Municipal la Organización de Base Sindical, es la principal representación comunal. A partir de la promulgación de la Ley de Participación Popular (Ley 1551), las comunidades han tramitado su personería jurídica de Organizaciones Territoriales de Base (OTBs), las cuales se han constituido en su mayoría sobre la misma estructura sindical. Desde la vigencia de la Ley de Participación Popular, las Organizaciones Territoriales de Base (OTBs), se constituyen en las protagonistas del proceso de planificación y gestión del Desarrollo Municipal Sostenible.

En el ámbito comunal, el Municipio de Chimoré aglutina a 131 Organizaciones Territoriales de Base y Asociaciones Comunitarias, de los cuales 109 son Sindicatos

Campesinos y 22 Comunidades Indígenas. La mayoría están registradas en la Prefectura y en el Municipio y algunas comunidades de reciente creación están realizando el trámite correspondiente.

4.6. Efectos en los roles de la familia

Demás esta afirmar que la mayoría de la población de Chimoré, está conformada por migrantes de origen quechua, sin embargo –de acuerdo a una apreciación que se realizó en las comunidades de estudio- advertimos la presencia de un número importante de aymara hablantes, que por distintas razones no respondieron al trabajo de Censo realizado por el Instituto Nacional de Estadística (INE).

Al igual que la mayor parte de la población del Trópico de Cochabamba, formada por colonizadores y sus familias, en sus mayoría migrantes de valles y altiplano, el 51,9 % del total de encuestados provienen del Departamento de Potosí; el 32,2 % es de Cochabamba y 1,9 % del total de entrevistados sostienen que son de La Paz, Oruro o Santa Cruz. En relación al idioma predominante, se presenta al castellano, seguido por los idiomas quechua, aymara y yuracareé.

Del total de personas encuestada, un 14 % pertenecían al rango de 21 a 40 años; un 49 % al rango de 41 a 60 años y un 25 % al rango de 61 años a más. El promedio de miembros de la familia de los encuestados era de 5,5 miembros.

En el recorrido que realizamos, observamos que en su generalidad son las mujeres quienes en su conversación familiar, en su entorno, o con el mundo exterior utilizan su idioma originario, no así los hombres quienes para su relacionamiento exterior hablan el castellano. En este sentido, podemos observar que las mujeres son depositarias de la cultura de los pueblos, aspecto que en un trabajo de recuperación de saberes y de búsqueda de un mejor conocimiento de lo cultural, se debe tomar muy en cuenta.

La agricultura es la principal actividad económica del Municipio, con una producción diversificada de productos tropicales tradicionales e introducidos. El 35,5 % del total de encuestados sostiene que es agricultor; el 14,5 % es productor agropecuario, el 10,5 % sostiene que es ganadero y el restante se dedica a otras actividades.

Gráfico Nro. 1

Funciones dentro de la comunidad

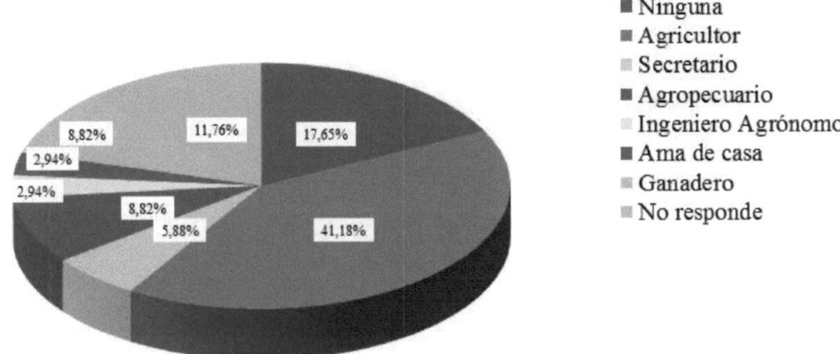

Un dato que llama mucho la atención es el de la religión, los datos que resultaron de las encuestas presentan, que el 56,5 % del total de encuestados es evangélica y el 44 % sostiene que es católica. Muy diferente a los datos presentados a nivel municipal, en el Plan de Desarrollo Municipal (PDM) 2006 – 2010; donde, la religión católica es predominante con un 61 % y la evangélica con un 37 % de creyentes. En la localidad de Puerto Cochabamba, se encuentra el mayor número de creyentes evangélicos con un 17 % del total de encuestados, seguidos por las localidades de Litoral, Entre Rios-Tacuaral, Senda B, Senda D y Senda C, con un 11 % del total de encuestados respectivamente. En relación al nivel de instrucción, el 54 % del total de encuestados presenta el nivel de instrucción primaria y tan solo el 28 % del total de encuestados cuenta con el nivel de instrucción secundaria.

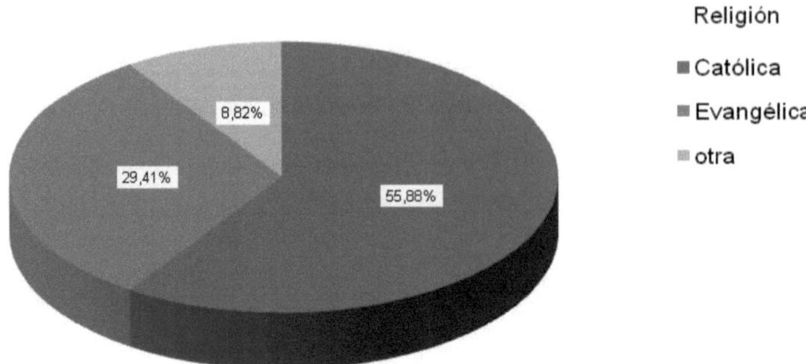

Gráfico Nro. 2

La religión en el área de estudio

La importancia de la crianza de animales y de ganado, para los encuestados está (en orden de importancia): Asegurar un buen negocio, habilita nuevas tierras para el ganado, protección del suelo y recursos de agua, protección de la biodiversidad y buena práctica de manejo.

La forma de crianza de los animales, según el 49 % del total de encuestados es más a nivel familiar. Debido a ésto, se puede entender el por que muchas familias no buscan criar animales especializados en un solo tipo de producto, como carne o leche. Más bien, tratan de buscar animales que puedan sobrevivir en condiciones difíciles.

Gráfico Nro. 3

Forma de crianza de los animales

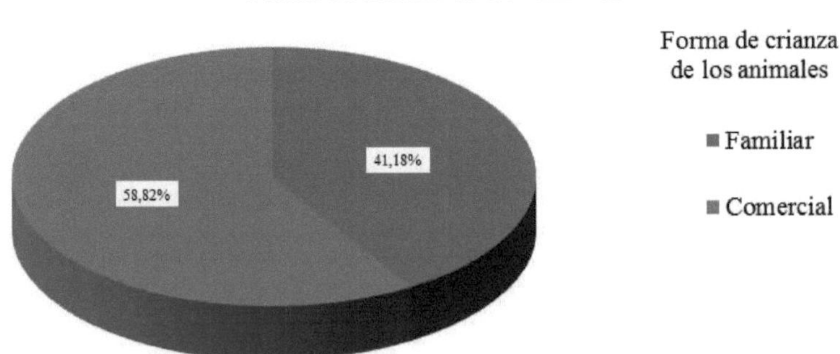

Las mujeres son las que se dedican a la crianza y al cuidado de los animales; por lo tanto, también son las que toman dicisiones acerca del manejo de los animales. Las mujeres, como principales responsables de los animales, tienen un sinnúmero de posibilidades y limitaciones específicas, lo que se refleja en el sistema de la crianza pecuaria familiar utilizada. El 50 % del total de encuestados sostiene que es la mujer quien toma las decisiones acerca del manejo de los animales; el 38,5 % del total de encuestados sostiene que es el hombre y el 10,5 % del total de encuestados, sostienen que ambos, son los que toman las decisiones sobre el manejo de los animales.

Gráfico Nro. 4

Tareas que desempeñan las mujeres en la crianza de los animales

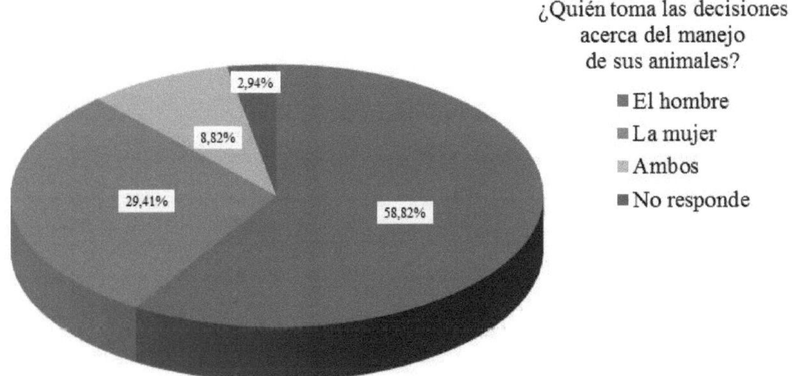

El estudio de las relaciones socioculturales y económicas entre hombres y mujeres debe ser parte del proceso de cualquier proyecto pecuario. Es importante no perder de vista el enfoque cultural sobre el tema de género. Muchos proyectos pecuarios, al igual que otras actividades en el campo, siguen sin tomar en cuenta las relaciones de género, el papel de las mujeres dentro de la crianza pecuaria y la lógica de estos sistemas de crianza.

La crianza de animales bajo este tipo de producción familiar, requiere relativamente de poca mano de obra e inversión de capital. Esto explica el por que muchas mujeres que encabezan una familia, mantienen varias especies de animales. Las personas que observan esta situación desde afuera, pueden tener la impresión de que hay falta de iniciativa, pero en realidad existen otros factores que limitan las posibilidades.

En los sistemas mixtos de cultivos y ganadería, el hombre tiene mayor responsabilidad sobre los cultivos y la mujer sobre los animales. Los principales problemas de las mujeres son el exceso de trabajo, poca educación y la concepción machista dentro de la sociedad.

Al mismo tiempo el trabajo pecuario es solamente una de las múltiples funciones y preocupaciones de las mujeres. Los niños tienen también una función importante en el trabajo con los animales, situación que conlleva al descuido o finalmente a la deserción escolar. Un 30,5 % del total de encuestados afirma, que los niños, aparte de asistir a la escuela, también desempeñan tareas dentro de la crianza de animales y en un 30,5 % también, afirman que se dedican al cuidado de los animales y a arreglar cercos.

Gráfico Nro. 5

Tareas que desempeñan los niños en la crianza de los animales

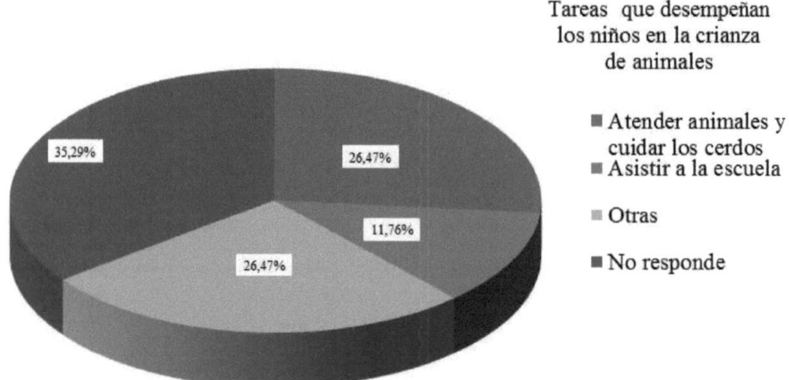

Las instituciones del Estado u otras de asistencia técnica, deberán volcar sus esfuerzos y destinatarios de proyectos; puesto que se afirma en un 55,5 % que éstos, los proyectos de ONGs, instituciones privadas y del Estado, están más dirigidos a los hombres, bajo la concepción de que serían los que trabajan más.

La introducción de tecnologías o el concepto de "desarrollo" e incremento económico de los pobladores del campo, han representado una asistencia técnica asistencialista, por parte de instituciones privadas, ONGs y del Estado. Los conocimientos y prácticas de crianza de animales adquiridos por la experiencia y la adaptación del trabajo a climas tropicales por los pobladores, no es tomada muy en cuenta, puesto que el 62,5 % del total de encuestados sostiene, que son los técnicos los que deciden y les "imponen" la forma de criar a sus animales.

4.7. Relación con la cultura: Hombre-Ganadería

En la concepción andina de la crianza de animales, es importante acordarse de la Pachamama mediante ritos, ceremonias y festividades ligadas al ciclo agropecuario. Es a partir de estas expresiones culturales, por el que le piden a la Pachamama, su bendición para que haga "madurar" muchos productos y animales.

Los ritos son una parte integral de la vida, la cosmovisión y la producción agropecuaria en las familias campesinas de origen andino. El 51,9 % del total de encuestados mencionan que provienen de Potosí, seguido de un 32,2 %, que menciona que procede de Cochabamba.

El 42 % del total de encuestados sostienen que realizan prácticas rituales como la ch'alla, que es un rito común en la vida y que existen diferentes tipos, para un sinnúmero de ocasiones y actividades, bajo un principio básico, agradecer a la Pachamama o Madre Tierra.

Gráfico Nro. 6

Prácticas rituales hacia los animales

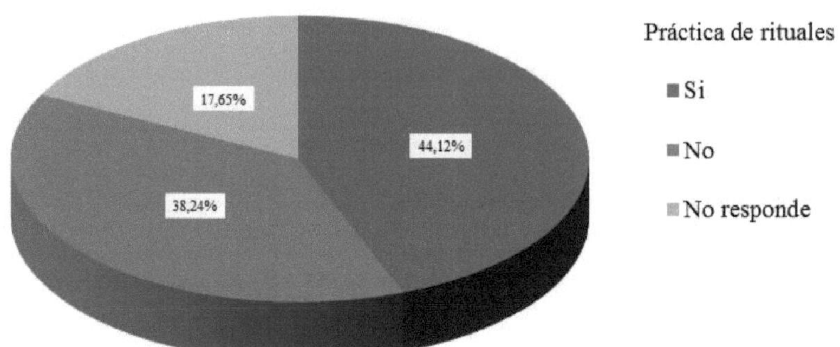

En la zona andina, los rebaños de llamas, alpacas, corderos se confunden, por esta razón se acostumbra marcas las orejas del ganado dentro de un rito sagrado denominado la *"k'illpa"*. Se trata también de un ritual para pedir la fertilidad de los animales. En este proceso, se seleccionan a los mejores machos y se marca a cada animal del rebaño. El 42 % del total de encuestados considera beneficioso las prácticas rituales que realiza.

Gráfico Nro. 7

Consideraciones sobre las prácticas rituales

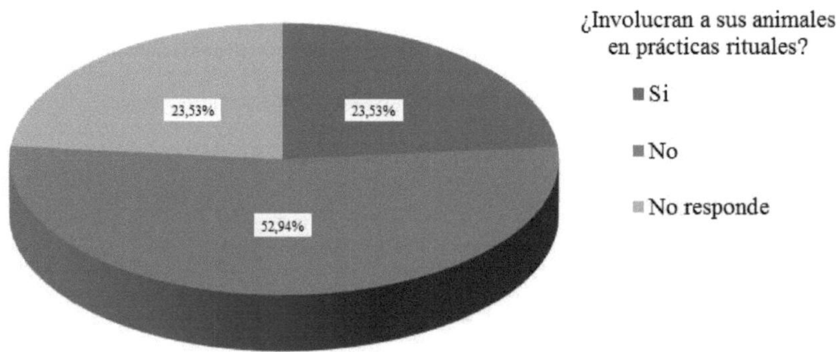

4.8. El saber campesino y la etnoveterinaria

Saber campesino o conocimiento local se define como "las prácticas y conocimientos locales relacionados con las estrategias de vida de las familias y sus comunidades". La medicina etnoveterinaria es "el saber campesino con relación a la crianza de los animales".

El saber campesino incluye conocimientos relacionados con los diferentes aspectos de la vida cotidiana, con la producción agropecuaria-forestal, el pronóstico del tiempo, la medicina humana y animal, la construcción de viviendas y la relación mágico-religiosa del hombre con su externo. Así el saber campesino está intimamente ligado al contexto socio-cultural, económico y ambiental.

El 62,5 % del total de encuestados responde que sí, frente a un 34,5 % que responde que no, sobre el hecho de que sería mejor la crianza de sus animales, si se llevara a cabo en base a prácticas y conocimientos locales propios.

Gráfico Nro. 8

Crianza de animales en base a conocimientos locales propios

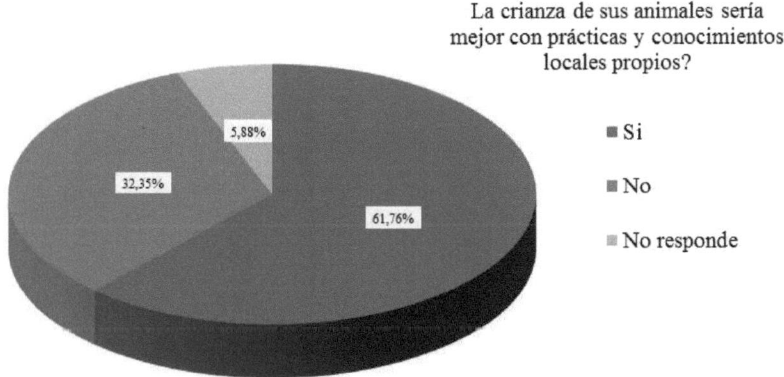

La etnoveterinaria o saber campesino en la crianza de animales no solamente implica el uso de plantas para medicamentos, sino que también incluye estrategias de manejo y ritos relacionados con el pastoreo, la reproducción y para evitar enfermedades.

Existe relativamente poco conocimiento en cuanto a la etnoveterinaria. El 51,5 % del total de encuestados afirma que no lo practica, pese a considerarlo como una buena opción, frente a un 47 % que sí lo practica.

Gráfico Nro. 9

Práctica de la etnoveterinaria

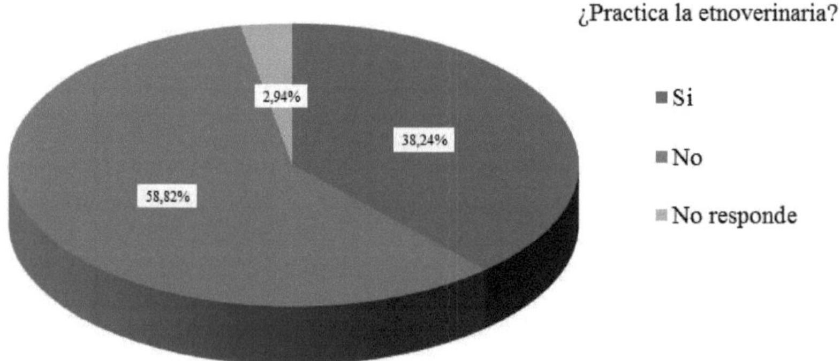

Limitaciones del saber campesino y la etnoveterinaria

(Tomado de "Gracias a los animales" de Katrien van't Hooft, 2004)

- El saber campesino es parte integral de un sistema productivo de un lugar.
- El saber campesino tiene límites, especialmente con fenómenos que no se pueden observar directamente.
- No todas las prácticas etnoveterinarias son efectivas.
- En la producción pecuaria familiar, el saber etnoveterinario no puede evitar la relativa alta mortalidad de los animales.
- En América Latina, la transferencia del saber campesino se hace de manera oral.

4.9. Sanidad animal

Uno de los mayores problemas que enfrenta la explotación pecuaria, es el de las enfermedades. Éstas provocan anualmente cuantiosas pérdidas económicas. Según un cálculo de la FAO, las enfermedades de los animales contribuyen a la pérdida de más de 30 millones de toneladas de leche al año; es decir, una cantidad suficiente para proporcionar dos vasos diarios de leche a casi 200 millones de niños. Es necesario también considerar, que en el reino animal existe un reservorio inmenso de enfermedades humanas. Frente a todas estas enfermedades, la educación y capacitación sanitaria de la población, es una de las medidas preventivas más eficaces y seguras.

Mediante esta educación y capacitación, deberán darse a conocer los riesgos que los animales domésticos, criados junto al hombre, entrañan para sus dueños y el medio en que viven. Sin embargo es necesario proceder con cautela y respetando la sensibilidad de los interesados, dado que existen vínculos sentimentales muy estrechos entre esos animales y sus dueños.

El objetivo de formar promotores en sanidad animal, es tratar de iniciar o contar con un servicio a nivel local, accesible a las familias. Los promotores en sanidad animal, generalmente son aquellas personas que están ligadas a la ganadería, que entre otras también desempeñan labores de compra y venta de animales.

Sobre la existencia o presencia de promotores de sanidad animal, el 75 % de los encuestados afirma que no existen promotores de sanidad animal en su zona o Sindicato; mientras que para un 24 % existe o cuentan con tales servicios.

El conocimiento sobre las enfermedades a nivel familiar también es limitado, debiendo tenerse en cuenta, la estrecha relación existente, entre las personas y sus animales, tanto a nivel físico como sentimental. Esta situación presenta ventajas como desventajas de la crianza pecuaria para la salud humana.

Muchas son las ventajas que se obtienen de la crianza de animales como las posibilidades de ganar dinero, la obtención de productos de alto valor alimenticio, obtención de abono orgánico. Pero también están las desventajas, como problemas sociales por el ingreso de animales a terrenos de los vecinos o robos de los mismos; higiene, donde se crían animales domésticos sin mucho control sanitario.

Las enfermedades surgen a consecuencia de los métodos deficientes de crianza de animales, ya sea por desconocimiento, por incapacidad económica o por la combinación de ambas situaciones.

La fiebre aftosa es una enfermedad que afecta a animales de pezuña endida, especialmente bovinos, ovinos y porcinos. El agente causal es un virus del género Aphtovirus que mide 23 micrómetros, siendo un virus muy pequeño.

Un 16 % del total de encuestados, afirma que la enfermedad más común en el ganado vacuno es la fiebre aftosa; el 12,5 % afirma que son por los parásitos, sobre todo los externos representados por las garrapatas y un 26 % afirma que son otras enfermedades (no especifica).

Gráfico Nro. 10

Enfermedades comunes en el ganado bovino

En cuanto a las enfermedades que afectan al ganado porcino se observa la falta de conocimientos. En un 90 % del total de encuestados no respondío. En relación a las enfermedades de las gallinas, el 38,5 % de los encuestados afirma que es el moquillo, frente a un 45 % que no respondió; lo que significa también, que existe poco conocimiento sobre las enfermedades que afectan a las gallinas.

4.10. Efectos económicos

El ganado en el Trópico está expuesto a altas temperaturas, a una humedad relativamente alta y a una fuerte radiación solar, a los que se añaden otros factores muy importantes como son la nutrición, las enfermedades infecciosas y parasitarias, tanto internas como externas, propias de la zona; estas condiciones no sólo afectan la producción láctea, sino también el normal crecimiento y la fertilidad de los animales, influyendo negativamente en el rendimiento y aprovechamiento de los animales.

Una de las limitaciones para el desarrollo del ganado europeo son las altas temperaturas, a veces, acompañadas de cambios bruscos de vientos con tormentas de lluvia. Sin embargo para una sanidad óptima y una producción láctea intensiva, se necesitan de otros elementos más, como alimentos suplementarios, galpones apropiados, períodos de sol, ambientes limpios e higiénicos y ausencia de contacto con enfermedades, lo que también requiere de inversión económica, que generalmente las familias no están en condiciones de proporcionarlas.

Las pérdidas económicas causadas por las enfermedades, son difíciles de cuantificar con exactitud, pues al igual que sucede con otras enfermedades humanas, no se puede medir el costo en vidas y sufrimientos. Pero, es evidente que reducen la producción de alimentos como carne, leche y huevos, así como la producción de trabajo de los animales de carga.

Si se mantienen en climas tropicales, con altas temperaturas a las razas de ganado lechero de alta producción, deben proporcionarseles techos ventilados, para hacer descender la temperatura corporal. El principal propósito es prevenir las enfermedades y mantener un nivel de producción.

4.11. Forrajes y pastizales

Los forrajes se definen como vegetales para animales domésticos. Este término suele aplicarse a los piensos que contienen toda la planta. Estos contienen un porcentaje relativamente alto de fibra y un porcentaje relativamente bajo de energía. Por otra parte, los alimentos concentrados (granos, semillas y subproductos como tortas de soya y algodón) tienen un contenido relativamente bajo en fibra y alto en energía y proteína.
Por lo general, se reconoce la existencia de dos tipos de pastizales: sembrados y naturales.

En su mayoría los **pastos naturales** o nativos que aparecen en las zonas de colonización después del desmonte son muy inferiores a los pastos cultivados en cuanto a producción y valor nutritivo. El ganado enflaquecerá y estará más susceptible a las enfermedades y parásitos, lo cual termina en un fracaso económico para el ganadero.

La vegetación natural correspondiente al área, es el grupo de formación bosque denso principalmente siempre verde ombrófilo; el cual de modo general está formado por especies de crecimiento rápido y elevado, árboles gruesos de corteza liza y poco rugosos a menudo con aletones desarrollados. Se observa emergentes, sotobosque denso, compuesto por regeneración de especies, árboles y arbustos, abundantes palmeras lianas y epifitas; también abundan los helechos y otros herbáceos ombrófilas.

La vegetación existente en las propiedades de los encuestados está representada por la Brachiaria (*Brachiaria decumbens*), con un 31,5 % del total de encuestados que afirman esta situación; el 28,5 % sostiene que existe vegetación natural y el 13,5 % sostiene que cuenta con vegetación introducida.

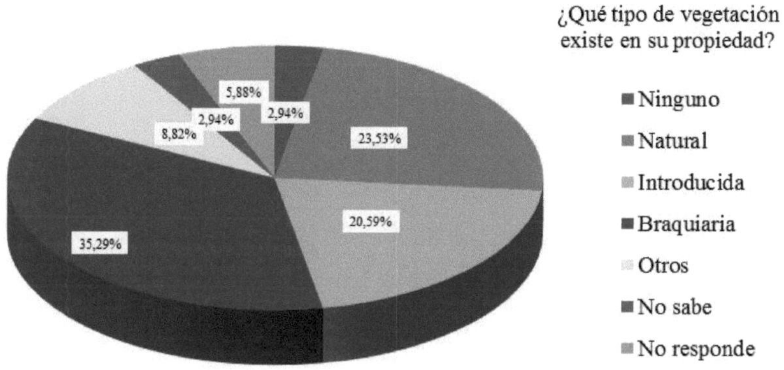

Los **pastizales sembrados** son aquellos establecidos por el hombre mediante semillas, estolones, tallos germinados o porciones de raíces para producir plantas nuevas. Para que haya pasto durante todo el año, debe sembrarse una hectárea por cabeza de ganado. Esta cantidad asegurará abundante pasto durante el invierno (sequía) y habrá pasto suficiente para practicar la rotación de pastos, los cuales son sumamente importantes para que el pasto tenga una larga vida de productividad. El ganado lechero consume y puede utilizar una gran variedad de plantas como forraje, como ser pastos gramíneos, leguminosas, maíz, granos pequeños, plátano, yuca y otras plantas. La calidad de cualquier tipo de forraje que se da al ganado lechero, es de gran importancia. Mientras más alta sea la calidad, mejor será el sabor, el contenido de nutrientes y la digestibilidad.

La calidad de forraje se determina principalmente por la etapa de maduración al ser recolectado. Según avanza la madurez fisiológica de las plantas se hace menor la proporción de la hoja, del tallo y desciende el valor nutritivo, especialmente en las gramíneas, las proteínas, los minerales, las vitaminas y la tasa de consumo y la digestibilidad descienden progresivamente y tienden a aumentar la lignina y los componentes fibrosos de las membranas celulares.

Un pasto, para ser de máximo beneficio para las vacas, debe tener las siguientes características: joven y en crecimiento, apetitoso y digerible. Debe estar cerca del establo, de tal manera que permita que el ganado coma en diferentes períodos. Debe tener un cercado apropiado y sombra, debido a que en el trópico, las temperaturas son elevadas, especialmente en los meses de verano y así tratar de optimizar el tiempo e inversión económica.

4.12. Pastos forrajeros

El rendimiento del ganado está determinado por la participación equilibrada y proporcionada de cuatro factores: La alimentación con un 35 % de participación o representación; la sanidad y la genética, ambos con 25 % y finalmente está el clima y los factores ambientales con un 15 %. La alimentación del ganado dentro del área de estudio, está en base al pastoreo. Los pastos forrajeros pertenecen en su mayoría a dos categorías: las gramíneas y las leguminosas.

Gramíneas, Las gramíneas en general tienen hojas angostas y lanceoladas. Tienen un valor nutritivo de proteína cruda variable desde 5 a 13% en materia seca, dependiendo de la fertilidad del suelo, el tipo o espacio de pasto y la edad de crecimiento. Las gramíneas tienen un alto contenido de carbohidratos. Ej.: Brachiaria (*Brachiaria decumbens).*

Leguminosas, Las leguminosas generalmente son de hoja ancha, sus semillas aparecen en vainas y sus raíces tienen nódulos donde algunas bacterias especializadas fijan nitrógeno.

Estos pastos son de alta calidad nutritiva, más que las gramíneas; el valor nutritivo de proteína varía de 12 a 20 % en materia seca. Además contienen muchas vitaminas, en especial la "A", como también minerales, especialmente calcio. Las leguminosas no cambian muy rápido su valor nutritivo al madurar, asimismo tienen menos fibra que las gramíneas. El kudzú (*Pueraria fhaseoloides*) es de uso corriente.

4.13. Ingresos por actividad agrícola-ganadera

La producción pecuaria familiar depende mayormente de productos locales disponibles, además de proveer transporte, tracción y fertilizante para los campos. Para entender la lógica de la producción pecuaria en el ámbito familiar, es necesario observar las diferentes estrategías que tienen y desarrollan. Dentro de la lógica de la crianza familiar, se diferencian dos grupos que podemos identificar: La crianza diversificada y la crianza especializada.

La crianza pecuaria deversificada, es la que más prevalece en las familias campesinas. Este tipo de crianza consiste en la existencia de varios animales, todos criados con recursos locales disponibles, a partir de una tecnología propia y bajo la lógica de poca inversión y relativamente una baja producción por animal. Se trata de una crianza dirigida principalmente al autoconsumo, al uso de los subproductos agrícolas y pecuarios y a la venta de los excedentes.

Las principales características de esta crianza son:

- Mano de obra, principalmente de mujeres y niños.
- Poca inversión y baja producción de productos tradicionales.
- Uso de diferentes productos no tradicionales.
- Crianza de diferentes especies de animales.
- Variedad de formas de crianza.
- Uso de razas criollas.
- Crianza basada en el saber campesino y la etnoveterinaria.
- Riesgos en cuanto a la salud humana.

En la crianza familiar especializada, la familia ha seleccionado una especie animal, en el cual invierte más trabajo y dinero, criándolo con elementos de la tecnología occidental y la perspectiva de una producción significativa por animal. Se basa en la lógica de invertir por animal y vender los productos al mercado.

Las principales características de ésta crianza son:

- Mano de obra de toda la familia.
- Inversión para obtener mayores ganancias.
- Posibilidades de evitar migraciones.
- Uso de razas especializadas.
- Cercanía a caminos, pueblos y ferias.
- Importancia de una organización o asociación.
- Riesgos para la salud humana.
- Problemas con el medio ambiente.

Resulta importante analizar que tipo de crianza esta utilizando la familia, antes de tomar medidas para apoyar la crianza de una determinada especie.

Después de la agricultura, la segunda actividad representa la crianza de ganado, considerada como una actividad complementaria a la agrícola. Los productores crían ganado por su carne y leche. De acuerdo a la investigación del CONCADE (Consolidation of Alternative Development Efforts -Consolidación de los Esfuerzos del Desarrollo Alternativo), el 81 % de productores cría ganado con fines de producción de leche y de carne. El 81,5 % del total de encuestados sostiene que sus animales lo adquirió por medio de la compra, mientras que tan solo el 12,5 % lo heredó y en un 2 % sostiene que lo tiene como recurso de ayuda a países altamente endeudados.

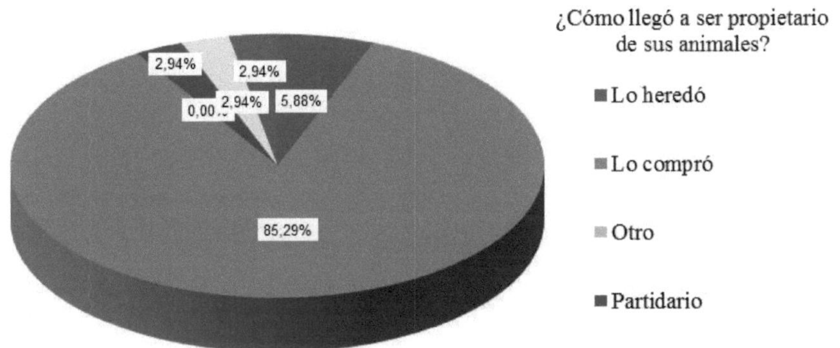

En relación al tiempo que se dedican a la crianza de animales, el 48 % del total de encuestados sostiene que se dedica desde hace 10 años atrás; un 31,5 % sostiene que desde hace 11 a 20 años atrás.

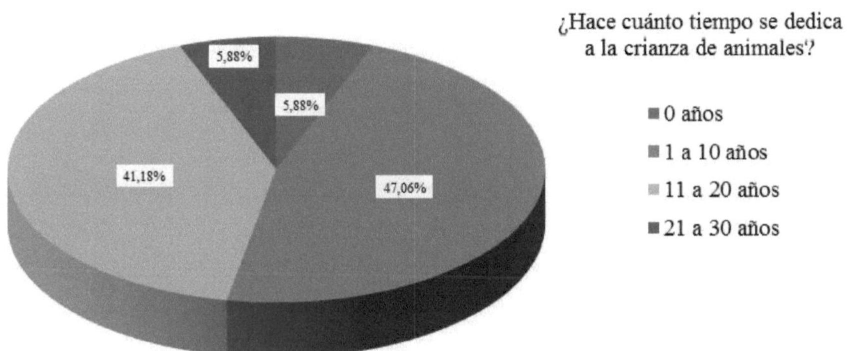

El ingreso económico que perciben por la crianza de animales, para el 26 % del total de encuestados representa casi toda la renta, mientras que para un 12,5 % no representa absolutamente nada.

Gráfico Nro. 14

Ingreso económico por la crianza de animales

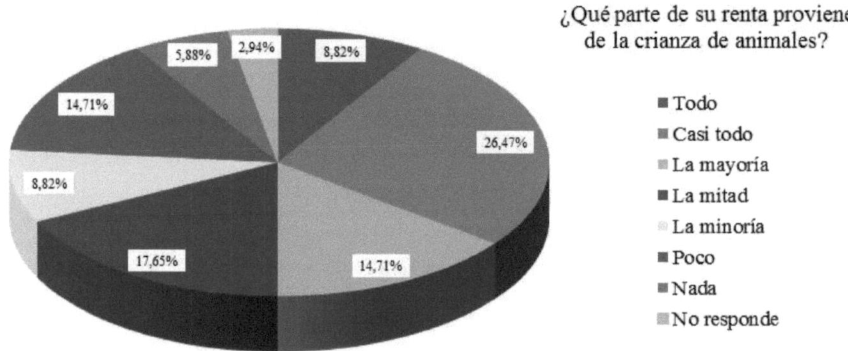

La leche ofrece una fuente diaria de ingresos y seguridad alimentaria, el 22 % del total de encuestados sostiene que no vende, que lo destina para consumo propio. El 18,5 % de los encuestados sostiene que vende a 2,50 Bs.- el litro y el 14 % sostiene que vende a 3 Bs.- el litro de leche. La carne de res también es considerada como cuenta de ahorro, porque cuando es necesaria es vendida. El 42 % del total de encuestados sostiene que vende a 17 bs.- el kilo de carne y el 12,5 % sostiene que vende a 15 Bs. el kilo de carne de res.

La carne de cerdo como la de bovinos es comercializada en la zona, mediante la intervención de matarifes y rescatistas locales, que distribuyen el producto en carnicerías del centro poblado. En cuanto a la venta de la carne de cerdo, el 98 % de los encuestados no respondío y el 2 % del total de encuestados sostiene que vende a 17 bs.- el kilo de carne de cerdo.

Los factores que limitan la actividad de crianza de animales, para el 50 % del total de los encuestados es la poca tierra; el 16 % sostiene que poca o casi nada de asistencia técnica y el 18,5 % sostiene que existe una infraestructura deficiente. Con relación a la inversión que realiza para mejorar sus ingresos por la actividad ganadera, el 74 % del total de encuestados sostiene que sí invierte, frente a un 25 % que afirma que no invierte.

Un 16 % de los encuestados sostiene que la inversión económica para la atención de la crianza de animales o del ganado corresponde a medicamentos y alimentos; seguido, en alambrados y postajes.

En cuanto a la comercialización de derivados de origen animal, se tiene que un 15 % del total de encuestados, vende carne; el 4,5 % vende leche y el 4 % vende guano.

4.14. Accesos al mercado

La comercialización de la producción es más a nivel local. El 68 % del total de los encuestados sostiene que vende o comercializa sus animales al mercado local y el 16 % sostiene que comercializa al mercado regional.

El faeneo de los animales para su comercialización, también es más a nivel local, puesto que el 86,5 % del total de los encuestados sostiene que no existe matadero en su comunidad o distrito y deben valerse de los matarifes locales para hacer la entrega del producto.

4.15. Organización espacial de la producción animal

Según los encuestados, el tiempo que dedican a la crianza de animales es de un 56,5 % y el tiempo que dedican a la agricultura es de 42,5 %.

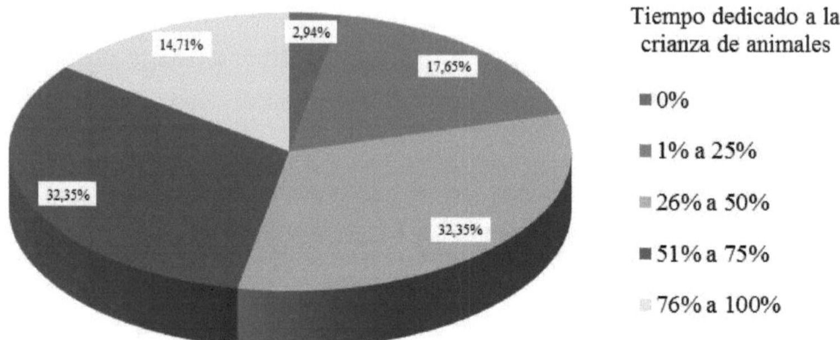

Gráfico Nro. 15

Tiempo que dedican a los animales

Para un 39 % del total de encuestados, el tipo de ganado que crían es el de carne. Para el 28,5 % es el de doble propósito y para el 16,5 % es el de leche.

Cuadro Nro. 13

Tipos de Ganado bovino, según el propósito de producción criados por las familias

Tipo de producción	Porcentaje de las familias
Carne	39
Leche	16,5
Doble propósito	28,5

Fuente: Elaboración propia en base a los resultados de las encuestas.

La crianza de animales y de ganado, hace diez años era peor, según la opinión del 56,5 % del total de encuestados y para el 12,5 % es igual que hoy. El 67 % del total de los encuestados sostiene que la crianza de animales y de ganado era mejor hace tres años, frente a un 7,5 % que sostiene que era peor. En cuanto a las aspiraciones con las que cuentan, el 34,5 % del total de encuestados desea que en los próximos años mejoré la actividad de la crianza de animales y del ganado. El 28 % desea contar con más asistencia técnica y el 8,5 % sostiene que desea contar con mayor acceso a mercados.

Dentro de los cambios tecnológicos producidos en los últimos diez años en el manejo de sus animales o ganado, priorizan la introducción de cercos, praderas mejoradas, vacunaciones del ganado e introducción de razas mejoradas.

Para criar mejor a los animales y el ganado, el 74 % del total de encuestados sostiene que recurre a un profesional técnico particular, para la asistencia técnica y el 10,5 % recurre a asociaciones locales existentes dentro del Municipio.

Un 62,5 % del total de los encuestados sostiene que los proyectos de crianza de animales de ONGs, instituciones del Estado, no incrementan sus ingresos económicos. En cambio, un 35,5 % sostiene que sí

Gráfico Nro. 16

Consideraciones sobre los proyectos de crianza de animales

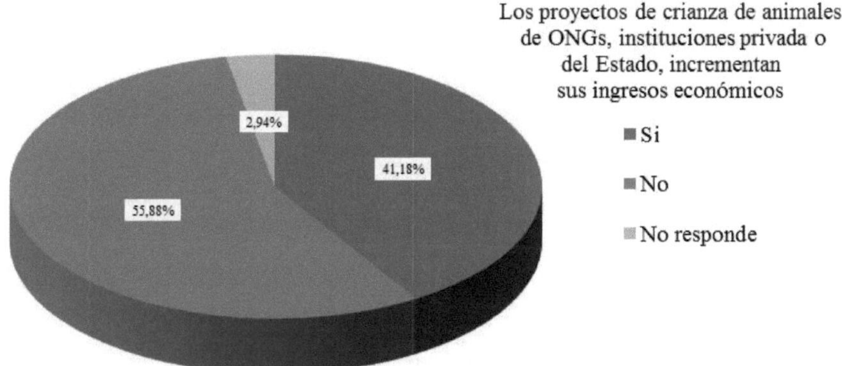

Hace 10 años, la crianza de animales y de ganado, muy poco o casi nada aportaba económicamente a la familia. Hace 3 años, estos aportes fueron regulares y este año (2008) los aportes son significativos; esperando que el en futuro sean mejores.

4.16. El chaco

El chaco es el espacio territorial derivado de la quema de los bosques primarios, dentro de la habilitación de terrenos para uso agrícola y donde la familia campesina realiza las actividades agropecuarias de subsistencia.

Cuadro Nro. 14

Organización del Chaco de las familias en el Trópico de Cochabamba

Uso de suelo	Porcentaje
Agricultura	40,0
Ganadería	41,5
Forestal	9,5
Servidumbre ecológica	9,0

Fuente: Elaboración propia en base a resultados de las encuestas.

El cuadro anterior nos presenta una relativa superioridad de la actividad pecuaria (ganadería) dentro del chaco, en relación al uso agrícola dentro del mismo. De igual manera, existe un relativo nivel entre el uso y aprovechamiento del chaco, en lo que respecta a lo forestal y a la servidumbre ecológica.

4.17. Tenencia de animales

Las familias en su generalidad, cuentan con algunos animales, sobre todo ganado vacuno, porcino y aves de corral. La encuesta realizada en relación a la tenencia de animales, nos demuestra nuevamente el carácter familiar de la crianza pecuaria. El número de animales que cría en promedio es de 24 cabezas de ganado vacuno; 10 cabezas de cerdos y 18 gallinas.

Cuadro Nro. 15

Tenencia de animales por familia en la zona de análisis

Especie	Número de animales
Ganado vacuno	24
Ganado porcino	10
Gallinas	18

Fuente: Elaboración propia en base a las encuestas.

4.17.1. Ganado vacuno

El 57,5 % del total de encuestados sostiene que posee de 1 a 25 cabezas; el 18,5 % sostiene que posee de 26 a 50 cabezas y el 6,5 % sostiene que posee de 51 a 75 cabezas. Ninguno de los encuestados posee más de 76 cabezas de ganado vacuno y un 16,5 % del total de los encuestados no crían vacas.

Gráfico Nro. 17

Tenencia de ganado vacuno

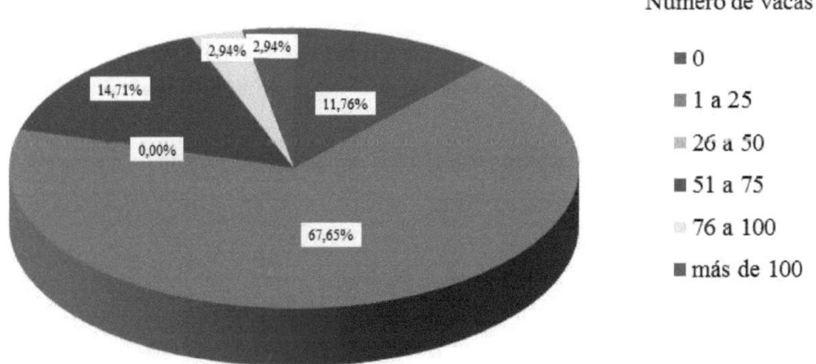

En los años 2001 a 2003 se subsidiaron y distribuyeron más de 1.800 cabezas de ganado vacuno entre toros, novillos, vacas, terneros y ganado industrial a 266 beneficiarios, dentro de la alternativa de crianza de ganado en el Trópico de Cochabamba. Se ha visto que para ofrecer una opción de crianza de animales, se tiene que ver ante todo, el sistema de crianza familiar pecuario existente en el lugar.

Dentro de la interrogante de, si trabaja dentro de la crianza de sus animales en colaboración con alguna institución o ONG, El 75 % del total de los encuestados sostiene que no; el 9,5 % sostiene que sí. De lo que se deduce que la ayuda al sector de análisis, prácticamente no llegó.

Igualmente sobre la colaboración que recibe, el 75 % del total de los encuestados sostiene que no recibe colaboración alguna de ONG o de institución, por lo que la actividad de la crianza de animales es responsabilidad única y exclusivamente de la familia.

Del total de 3.962 cabezas de ganado bovino reportados dentro de la 13er. Ciclo de la Campaña de Vacunación contra Fiebre Aftosa y Gangrena dentro del Municipio de Chimoré en agosto de 2007, el mayor número de cabezas de ganado bovino se concentraba en las localidades de Senda D con 803 cabezas, seguidos por Senda E, Senda III, Senda C. A continuación se detallan en el siguiente cuadro, la posición que ocupan las localidades según la presencia de ganado bovino, la misma que formó parte de la elección del trabajo de campo, dentro del proceso de la investigación.

Cuadro Nro. 16

Tenencia de ganado bovino – municipio de Chimoré

(Categorización en 3 grupos de a 10 localidades, para la realización del trabajo de campo)

Nro.	Igual o mayor a 50 cabezas	Igual o menor a 50 cabezas	Igual o menor a 10 cabezas
1	Senda D	Puerto Alegre	Puerto alegre "A"
2	Senda E	California	Magdalena
3	Senda III	Villa nena	San Marcos
4	Senda C	Ramírez	Morochata "C"
5	Litoral	Puerto Alegre "B"	Variante Carmen
6	Carmen Coni	Lobo Rancho	Trinidadcito
7	Senda B	Aroma	Estaño Colorado
8	Senda F	Com. Monte Verde	Nueva Esperanza
9	Entre Ríos	Morochata II	Alto San Pablo
10	Santa Rosa	Estaño Palmito	Chimoré

Fuente: Elaboración propia, en base a la Planilla de Reportes del 13er. Ciclo de Campaña de Vacunación contra Fiebre Aftosa y Gangrena. SENASAG, 2007.

Tenencia de ganado bovino – municipio de Chimoré
(De mayor a menor número de cabezas; considerando,
los 18 primeros lugares de mayor presencia en ganado)

POSICIÓN	LUGAR	N. DE CABEZAS
1	Senda D	803
2	Senda E	515
3	Senda III	476
4	Senda C	420
5	Wantanamo (Sr. Lorgio Nuñez)	215
6	Puerto Don Aurelio (Sr. Oscar Gonzales Reynaga)	199
7	Litoral	123
8	Carmen Coni	121
9	Senda B	81
10	Senda F	74
11	Entre Ríos	65
12	Arani	65
13	Santa Rosa	62
14	Senda A	61
15	6 de Agosto	55
16	Arenales	54
17	Pocoata	53
18	Puerto Alegre	45

Fuente: Elaboración propia, en base a la Planilla de Reportes del 13er. Ciclo de Campaña de Vacunación contra Fiebre Aftosa y Gangrena. SENASAG, 2007.

Las localidades donde la crianza de ganado bovino es prácticamente nula son:

Trinidadcito, con la presencia de 3 cabezas de ganado bovino criados por don Roberto Noe Coyuba; Limoncito, con 3 cabezas de ganado bovino criados por doña Clotilde Hinojosa Morales; La Misión, con 9 cabezas de ganado bovino criados por son Asencio Rocha (7 cabezas) y Mario Orozco Suares (2 cabezas de ganado bovino); Variante Carmen, con 4 cabezas de ganado bovino criados por Don Angel Vallejos Paiti; Magadalena, con 7 cabezas de ganado bovino criados por don Rodolfo Herrera Medrano.

4.17.2. Aves de corral, gallinas

La cantidad de gallinas revela claramente su uso y rol. En primer lugar se encuentra la alimentación de la familia y luego, su comercialización como fuente de captación de recursos monetarios. El 73 % del total de encuestados sostiene que posee 1 a 20 gallinas; el 14 % sostiene que posee de 21 a 40 gallinas y el 7,5 % no cría gallinas.

Gráfico Nro. 18

Tenencia de aves

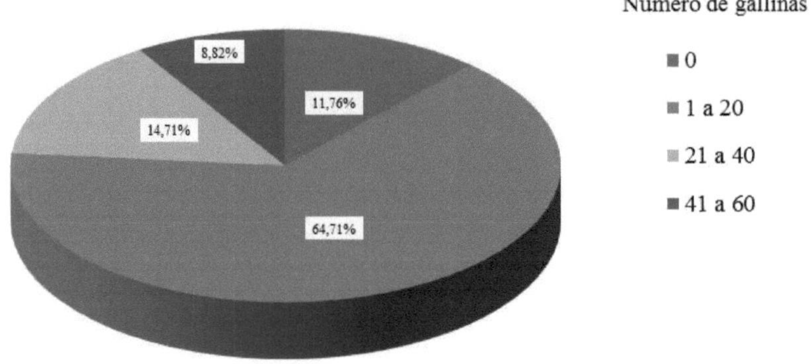

4.18. Efectos ambientales

Los conocimientos sobre biodiversidad en el Trópico de Cochabamba se han ampliado en los últimos años y se ha puesto en evidencia el conflicto evidente entre ganadería y medio ambiente, aunque los principales impactos ambientales de las actividades ganaderas no están estudiados a profundidad.

La deforestación es el principal mecanismo de transformación de habitats y ecosistemas, aunque sus causas directas como la colonización, la expansión de la frontera agropecuaria, la producción maderera, el consumo de leña, los incendios forestales y las plantaciones ilegales de coca son también evidentes.

Actualmente el 60 % del territorio del Trópico de Cochabamba corresponde a bosques (40 % bosque primario y 20 % bosque secundario).

La cobertura de bosque primario dentro del Bosque de Uso Múltiple (BUM) ha disminuido en un 20 % durante los últimos 10 años. Se estima que hasta 1997, entre 10.000 y 15.000 hectáreas de bosque fueron sometidos al chaqueo.

De las 550.000 hectáreas que constituyen el Bosque de Uso Múltiple (BUM), 32.500 están consideradas como terrenos de pastoreo. Se desconoce el porcentaje de estas tierras que se encuentran en condiciones de degradación severa, pero de acuerdo al Censo Agropecuario del Development Alternatives, Inc. (DAI) de 2003, 62.135 cabezas de ganado pastan en 29.187 hectáreas de superficie. De estos datos se puede deducir una tasa de 2,1 cabezas por hectárea.

La Evaluación ambiental de CONCADE, resalta los elementos del ambiente afectado en términos de cuencas y suelos, ríos, quebradas tributarios y pantanos; biodiversidad, corredores biológicos y especies amenazadas y en peligro de extinción, que habitan en ellos; bosques primarios y secundarios; tierras de pastoreo y sistemas de manejo correspondientes; sistemas existentes de producción ganadera; aspectos demográfico y marco político institucional dentro de las cuales se realizan las actividades propuestas.
Los programas de compensación ejecutadas por el Estado durante la década de los 90, que entregó reses de ganado a los productores de hoja de coca que se encontraban dentro del proceso de erradicación, más los métodos de manejo tradicionales, continúan ampliando la frontera agrícola, porque los productores buscan pasturas más verdes para el pastoreo e intentan incrementar el número de cabezas de sus hatos.

Varios países tropicales, han establecido sistemas silvopastoriles para retardar la deforestación y mitigar los efectos ambientales de la conversión de bosques a pasturas; como por ejemplo, la pérdida de nutrientes, la contaminación hídrica y la pérdida de la biodiversidad.

4.19. Fauna silvestre

En relación a las especies de fauna silvestre más importantes de la región, de las cuales hacen mención los encuestados, a continuación se presentan en el siguiente cuadro:

Cuadro Nro. 18

Fauna silvestre del Trópico de Cochabmaba

NOMBRE COMÚN	NOMBRE CIENTÍFICO
Jochi colorado	*Dasyprocta spp.*
Jochi pintado	*Agouti paca*
Tatú	*Dasypus novemcinctus*
Chancho quimilero	*Catagonus wagneri*
Tapití	*Silvilagus brasiliensis*
Calucha	*Dasyprocta punctata*
Mono Martín	*Cebus paella*
Chancho Tropero	*Tayassu pecari*
Pava de monte	*Penélope sp.*
Venado	*Odocoibus virginianus*
Sábalo	*Prohilodus nigricans*
Surubí	*Pseudoplatystoma fasiatum*
Pacú	*Meleus setiger y Melius pacú*
Ciervo del pantano	*Odocoileus (Blastocerus) dichotomus*
Jucumari	*Tremarctos omatus*
Jaguar	*Felis onca palustris*
Lobito del río	*Lutra longicaudis enudris*
Gato margay	*Felis (leopardus) wiedi*
Londra	*Pteronura brasiliensis*
Tigre	*Panthera onca*
Caiman negro	*Melanocuchus niger*
Caiman overo	*Caiman latirostris*
Boyé, Boa	*Boa constrictor*
Guacharo, lucero	*Steatornis caripensis*
Paraba azul	*Anodorhynchus hyacinthinus*
Paraba amarilla	*Ara ararauna*
Pato negro	*Carina moschata*
Tucan	*Rahmphastos sp.*
Taitetú	*Tayassu tajacu*
Perdiz	*Crypturells soui*
Melero	*Eira barbara*
Puma	*Felis concolor acrocodia*

NOMBRE COMÚN	NOMBRE CIENTÍFICO
Gato	*Felis (herpailurus) yagouaroundi*
Loro	*Amazona sp.*
Jaguar	*Felis onca palustris*
Marimonito	*Callitrichidae*
Leoncito	*Saguinus fuscicollis*
Peji	*Euphractus sexcinctus*
Tatú quince kilos	*Dasypus kappleri*
Pejichi	*Priodontes maximus*
Zorro	*Cerdocyon thous*
Zorrino, osito lavador	*Procyon cancrivorus*
Anta	*Tapirus terrestres*
Urina	*Mazama gouazoubira*
Huaso	*Mazama amaricana*
Tigrecillo	*Felis (=leopardus)*
Oso hormiguero	*Tamandua tetradactyla*
Osito de oro	*Cyclopes didactylus*
Ocelote	*Felis pardalis steinbach*
Condor	*Sarcoramphus papa*
Lechuza	*Otus choliba*
Buho	*Falco sparverius*
Halcón	*Buteo magnirostris*
Carachupa	*Didelphys sp.*

Fuente: Elaboración propia en base a literatura de BOLFOR, 1998.

Para determinar el daño producido al medio ambiente, es necesario analizar las diferencias entre la producción pecuaria industrial y la producción pecuaria familiar. No es la crianza de animales como tal, las que causan daños al medio ambiente; sino, algunas de las muchas variedades de crianza de animales.

El 41 % del total de encuestados sostiene que la actividad ganadera no afecta al ecosistema de la zona, el 38 % afirmó que afecta poco, el 15 % indica que afecta demasiado y un 6 % no respondío.

Gráfico Nro. 19

Ecosistema afectado por la ganaderia

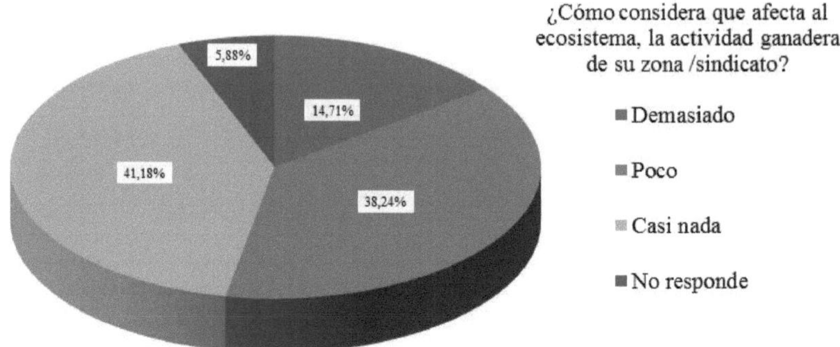

El manejo inadecuado del ganado genera diferentes impactos ambientales: la alimentación, los sistemas de producción extensivos y la utilización de pastizales naturales improductivos, generó deficiencias nutricionales excesivas, baja producción y productividad y deforestación de áreas de bosques. Así mismo, el deficiente manejo de la sanidad animal genera la propagación de males y enfermedades, incidiendo en el incremento de uso de productos químico-veterinarios.

Las encuestas presentan, dentro de una calificación del 1 al 7; donde 1 es el nivel de menor impacto ambiental y 7 el nivel de mayor impacto, generado por la actividad ganadera en su zona o Sindicato a:

- Prácticas de monocultivos y gramíneas (5,5)
- Uso indiscriminado de medicamentos (5)
- Ampliación de la frontera agrícola (3,5)
- Control químico de la vegetación (2,5)
- Apertura de vías ganaderas ((2)
- Tala y quema de bosques (1)
- Instalación y reparación de cercos y corrales (1)

Entre las estrategias y prioridades para reducir el impacto ambiental generados por la actividad ganadera en su zona o Sindicato, realizando una calificación de 1 al 3; donde, 1= urgente, 2= importante, 3= deseable, se tiene en orden de prioridad del 1 al 3:

- Disminución y eliminación de la práctica del chaqueo (1)
- Introducción de sistemas agrícolas integrados (2)
- Reemplazo de herbicidas por prácticas locales en el control físico de la vegetación (2)
- Reducción de la frontera agrícola (2)
- Manejo rotativo del ganado (2)
- Reducción del uso de plaguicidas y reemplazo por control biológico (2)
- Estímulo a las reservas campesinas (3)
- Restauración ecológica de áreas degradadas (3)

La crianza pecuaria familiar influye en el medio ambiente positiva y negativamente.

a) Aspectos positivos:

- Integración de cultivos y crianza de animales.
- Generación de energía por los animales.
- Alternativa de ingresos
- Diversidad genética
- Uso de subproductos.

b) Aspectos negativos:

- Sobre patoreo
- Residuo de animales
  Deforestación.
- Crianza especializada.

4.20. Carga animal

De acuerdo al Censo Agropecurio realizado por la Agencia Estadounidense para el Desarrollo (DAI) el año 2003, 62.135 cabezas de ganado pastaban en 29.187 hectáreas de superficie. De estos datos se deduce que la tasa es de 2,1 cabezas de ganado vacuno por hectárea, mientras que la capacidad de carga animal estimada era de 2,0 cabezas por hectárea, dependiendo de las condiciones del sitio.

El 42,5 % del total de encuestados sostiene que la carga animal dentro de su propiedad asciende a 2 cabezas de ganado por hectárea, coincidiendo con los datos presentados por el DAI; el 12,3 % sostiene que es de 3 cabezas de ganado y el 18 % no respondío y el 8,5 % no sabe.

Gráfico Nro. 20
Carga animal

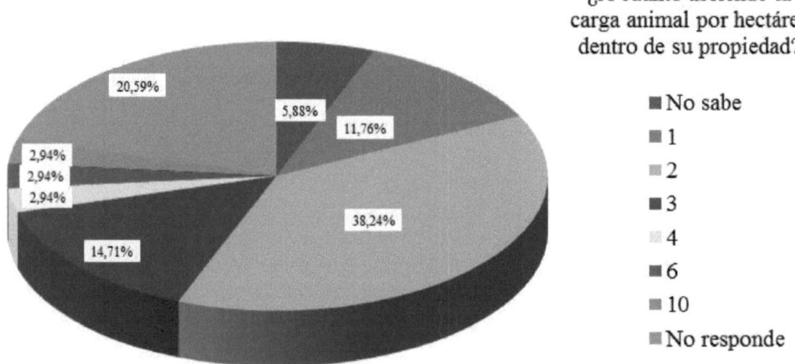

4.21. Fuentes alimenticias

Para los yuquis y los yuracareés la fauna silvestre ha constituido un recurso fundamental, que conjuntamente con el pescado suelen ser sus principales fuentes de alimento.

El jochi, tatu, monos, chancho, tigre, loro, calucha, tejón, pez, víbora, gato, león, conejo, puma, meleros, tucan, taitatú, oso, venado, jabalí, pavos, perdiz y garzas blancas, son los animales silvestres existentes cerca a las propiedades de los encuestados.

Los animales silvestres que se destinan para consumo o para la venta son (en orden de mención): jochi, tatu, pez, chancho, conejo, calucha, mono, jabalí, tropero, tejón, pavo, venado.

4.22. Caza y pesca de animales silvestres

De manera general, se puede hablar que existen cinco modalidades de cacería

Cacería de subsistencia, Se practica exclusivamente para completar la dieta proteica del cazador y su familia, generalmente es practicada por personas pertenecientes a la comunidad.

Cacería deportiva, Se practica como recreación y ejercicio, sin otra finalidad que su realización en sí, principalmente por el sector poblacional urbano, de clase media y alta.

Cacería comercial, Su propósito es eminentemente lucrativo; los animales vivos o muertos, así como sus productos, en especial sus cueros, se destinan para la venta. Está prohibida y los que la hacen, violan la Ley.

Cacería con fines científicos, Práctica realizada por inbdividuos o instituciones nacionales o extranjeras para recolectar animales para investigaciones científicas.

Cacería de control de especies perjudiciales, La legislación de varios países establece normativas especiales para el control de especies consideradas como plagas, ejemplo la rata.

En el caso del Trópico de Cochabamba, la cacería de subsistencia ocupa el primer lugar. En cambio, la cacería comercial ocupa el segundo lugar pero es la más dañina, pues busca altas ganancias con el cuero, pieles y animales vivos.

Los indígenas son básicamente cazadores diurnos y practican la caza de excursión a lo largo de picas en la selva o desde una canoa. Los métodos incluyentes son el rastreo por huellas y llamadas o reclamos para atraer a los animales.

Fotografía Nro. 9

Jochi Pintado (*Agouti paca*). Habito nocturno, especie que vive en parejas, se alimenta de frutos, raíces, semillas y hojas. Se halla distribuida en el oriente boliviano. Fuertemente cazada.

Oso Melero (*Tamandua tetradáctila*). Habita selvas y bosques, desde zonas húmedas a secas. Vive en los árboles prendiéndose con sus patas, cuyo par delantero termina en cuatro dedos. Su gestación es de 150 días y nace una cría por año.

Los colonos constituyen el usuario principal de la fauna silvestre en el Trópico de Cochabamba. Los más frecuentados para la caza son el chancho de monte o taitetú, que vive en grupos y es relativamente fácil de ser cazado.

La pesca de diferentes especies, como el sábalo (*Prohilodus nigricans*), el pacú (*Muleus setiger y Melius pacu*) o el surubi (*Pseudoplatystoma fasiatum*), es otro componente importante para la dieta familiar del colono y también para la comercialización en las ciudades.

En las zonas tropicales de Bolivia y parte de la amazonía, existen animales en peligro de extinción fundamentalmente, por la cacería comercial que amenaza con acabar algunas especies. Entre los mamíferos se encuentran el jucumari (*Tremarctos omatus*), el jaguar (*Felis onca palustirs*), el gato margay (*Felis leopardus wiedi*), la londra, el lobito de río, el ciervo de pantano (*Odocoileus Blastoceros dichotomus*) y el tatú (*Dasypus novemcinctus*). Entre los reptiles están el caimán negro (*Melanosuchus niger*), el caimán overo (*Caiman latirostris*). Entre las aves el suri, la pariguana, el guacamayo azul, y la paraba azul-amarillo.

Si tomamos en cuenta la importancia de la caza y la pesca para la alimentación de los pobladores del Trópico de Cochabamba, debemos tomar conciencia de que no se deben exterminar a los animales. Se debe permitir que se reproduzcan; por ello, sería importante que solamente se cace lo necesario para el consumo; se evite la expansión de la caza comercial, especialmente de las pieles de los felinos y los cueros de los lagartos. Además de vedar la pesca comercial en la pica de desove y el control de tamaño de los peces.

El sabalo, jochi, tatu, surubí, orchila, chancho, venton, pacu, venado, jabalí, son los animales que frecuentemente son cazados o pescados.

El 29 % de encuestados, sostiene que la frecuencia con la que caza o pesca, es una vez al mes; el 26 %, sostiene que es de una vez por semana.

Gráfico Nro. 21

Frecuencia de caza y pesca de animales silvestres

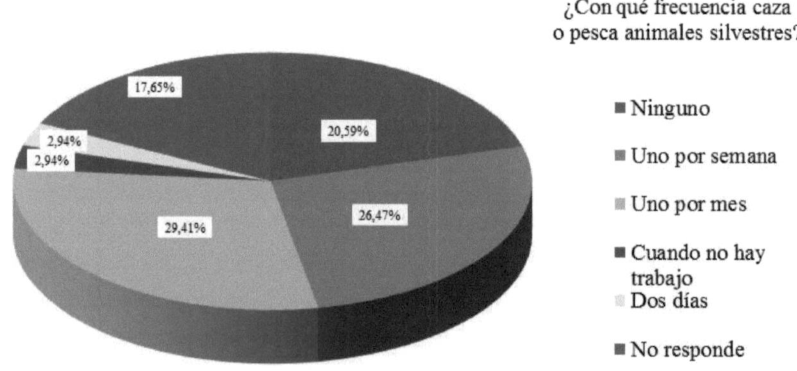

4.23. Expansión de la frontera ganadera

En los años 1.990 y 2000 la cobertura de bosque primario del Bosque de Uso Múltiple (BUM) ha disminuido en un 20 %. Los datos de las encuestas nos presentan que el avance de la frontera agrícola era, hace 10 años, poco; hace 3 años regular y en el futuro será bastante.

La deforestación y la adaptación de tierras para cultivos y ganadería, son grandes problemas con los que enfrenta el Estado. Alrededor de 300.000 hectáreas de árboles se deforestan cada año en Bolivia, con el propósisto de utilizar la tierra para producir productos agroalimenticios que requiere el mercado. Esta situación genera daños a la naturaleza.

La mayoría de los sistemas de cultivo en el Trópico de Cochabamba tienen como base, el modelo de chaqueo o tumba y quema, en el cual de 0,5 a 2 hectáreas de bosque o chume en cada finca se desmontan a mano, se queman y se siembran cultivos como arroz y yuca, durante un periódo de 1 a 2 años, para luego ser dejados en descanso de 2 a 10 años o para siembra de patizales.

El 72 % del total de los encuestados sostiene que realiza la práctica del chaqueo o desmonte, frente a un 22 % que sostiene que no lo realiza. Este hecho nos demuestra, que la cantidad de bosque que se elimina para fines agropecuarios es grande, en deterioro de éste recurso y por ende del medio ambiente.

Práctica del chaqueo o desmonte

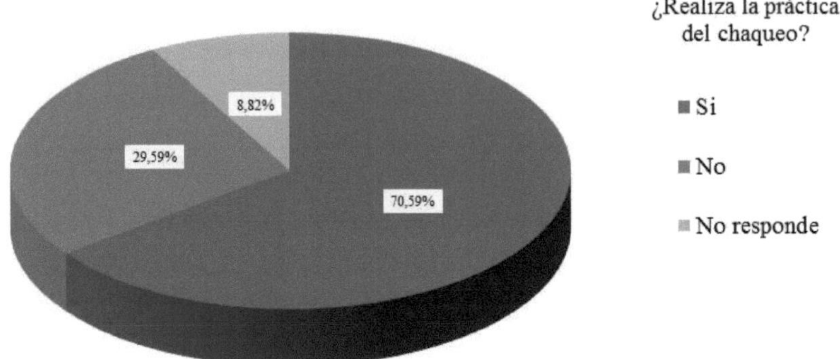

El 36,5 % del total de los encuestados, afirma que los meses de junio, julio y agosto son destinados a labores de chaqueo. El 22 % de los encuestados, sostiene que no realiza el chaqueo y el 13,5 % sostiene que lo realiza en los meses de agosto, septiembre y octubre.

CAPÍTULO V

CONCLUSIONES

La crianza de animales domésticos, sobre todo de ganado vacuno, siempre tuvo una gran importancia socioeconómica y política en la vida de las sociedades, esta situación lo certifica el término latino *pecunia*, que significa dinero; derivado de la palabra *pecus*, que significa ganado vacuno. El concepto de tenencia de animales estuvo por tanto, ligado al símbolo de poder y prestigio social.

La crianza de animales incluye una variedad de sistemas productivos manejados por diferentes grupos sociales, cuyos patrones de inserción en la economía de mercado son diversos. En el Municipio de Chimoré, la crianza de ganado vacuno, porcino y aves de corral, se encuentran más dentro de lo que es la crianza pecuaria familiar campesina, basado en sistemas tradicionales, que deben ser estudiados, revalorizados y practicados; que representan parte integral de las estrategias de vida de sus pobladores.

5.1. Respecto a los efectos socioculturales que influyen en la crianza de animales

La actividad de la crianza de animales en el municipio de Chimoré, presenta como actores principales a las familias campesinas, colonizadores migrantes con un promedio de 5,5 miembros por familia, procedentes sobre todo de los Departamentos de Potosí y Cochabamba; con una mínima representación de familias procedentes de Oruro, La Paz y Santa Cruz; tomando en cuenta que un 8,15 % del total de encuestados, no respondió a la pregunta sobre su lugar de nacimiento o procedencia.

Los datos de las encuestas y entrevistas determinaron claramente a los actores sociales con la crianza pecuaria familiar, pese a la introducción de actividades agropecuarias cada vez más especializadas; determinadas en parte, por la acción de entidades de "desarrollo" y del Estado, que durante años promovieron la asistencia técnica profesional y los créditos, a efecto de revertir la economía generada por la coca. Estos actores sociales son primordialmente mujeres, las mismas que desde su llegada al Trópico de Cochabamba, inmediatamente incursionaron dentro de la crianza de animales; así lo sostienen en un 25 % del total de encuestadas, quienes afirman que se dedican desde hace 21 a 30 años atrás a la crianza de animales, y la forma de cómo adquirieron sus animales, fue a través de la compra o por obsequio de los padres. Situación reconocida por ellas mismas, que en un 88 % sostienen precisamente que son las que deciden sobre el manejo de los animales y en ese mismo porcentaje, sostienen que no trabajan ni reciben colaboración de ONG, institución privada o del Estado. Un 38 % del total de encuestadas tiene la esperanza de que su actividad fuera mejor, con mayor asistencia técnica y accesos al mercado.

La crianza de animales dentro del sistema pecuario familiar, se caracteriza por la baja productividad biológica, mínimas inversiones, escaso recurso a la tecnología, contribución a la seguridad alimentaria local y una exigua generación de empleo. Se trata del sistema de crianza extensivo, donde 24 cabezas de ganado bovino, 10 cabezas de cerdos y 18 gallinas, como promedio por familia, son criados dentro de prácticas y costumbres traídas desde el lugar de origen y que desearían que éstas fueran respetadas, puesto que en un 62,5 % del total de encuestados entre hombres y mujeres y en un 63 % de mujeres encuestadas, sostienen esta situación.

La estrategia de vida de las familias dentro de la crianza de animales, está determinada por varios factores, tales como la tenencia de tierra, el clima y los suelos, disponibilidad de mano de obra, recursos económicos de la familia, la cultura y las costumbres, las experiencias con la crianza de animales, las distancias o el acceso al mercado, más los precios de los productos y las condiciones políticas del país. Así mismo está acompañada por la redistribución y división del trabajo dentro de los miembros de la familia. Hemos afirmado que son las mujeres, las principales responsables de los animales, pese a contar con un sinnúmero de posibilidades y limitaciones, entre los que se pueden mencionar: Poco capital para invertir; relación afectiva hacia los animales, a los cuales prefiere tenerlos cerca de casa; generación de ingresos para la familia; los animales forman parte de la cultura tradicional.

La crianza de animales se trata de una actividad "rentable" o mejor podríamos decir, satisfactoria y beneficiosa desde el punto de vista socio-cultural y económico, a pesar del supuesto "desconocimiento" e "irracionalidad", desde el punto de vista técnico-económico externo. Por tanto, los trabajos dentro de la crianza de animales en el Municipio de Chimoré, deben ser considerando primero a los actores principales, las mujeres y luego recien a los animales con sus parámetros de producción; basado en prácticas locales, complementados con los conocimientos de la ciencia de la zootecnia.

5.2. Respecto a los efectos económicos que influyen en la crianza de animales

Muchos de los sistemas de producción animal, tienen como finalidad la alta producción y el crecimiento económico de los dueños. Con el crecimiento económico se busca el incremento de los productos y la obtención de beneficios.

Esta visión de "desarrollo económico" dentro de la práctica de la crianza de animales, ha llevado a una especialización cada vez mayor de los animales y a una intensificación de la crianza, donde el animal es considerado una máquina, cuyos rendimientos deben ser llevados a límites fisiológicos, donde se adapta el medio ambiente para instalaciones y construcciones rurales, donde deberán producir bajo el dominio de la genética aplicada, para valorar las instalaciones e insumos y recuperar los recursos económicos invertidos en estos animales.

La producción pecuaria familiar, basada en el aprovechamiento y uso de productos locales disponibles, a parte de proveer tracción, transporte y fertilizantes para los cultivos, apoya considerablemente a la economía de las familias campesinas. Este apoyo incluye muchos elementos, de los cuales algunos son difíciles de cuantificar en términos económicos. Realicemos algunas consideraciones al respecto, en relación al ganado bovino y la economía sobre este rubro de producción: Según el 13er. Ciclo de Campaña de Vacunación contra Fiebre Aftosa y Gangrena, de agosto de 2007, la cobertura de vacunación alcanzó a 3.962 cabezas de ganado bovino dentro del Municipio de Chimoré.

La tenencia de cabezas de ganado bovino por familia es de 24, dentro del rango de tenencia de 10 a 20 hectáreas de terreno, con un promedio de 11,5 hectáreas por familia o afiliado al Sindicato del sector. El número de cabezas de ganado bovino varía de lugar a otro, siendo los lugares con mayor presencia de ganado: Senda D con 803 cabezas, seguido por Senda E con 515 y Senda III con 476 cabezas de ganado bovino; existen lugares donde esta actividad es nula, como aquellas que se encuentran al norte del Municipio y habitados por grupos de yuracareés.

Los aportes dentro de la economía familiar que proporciona la crianza de ganado bovino, son evidentes y representados por la producción de leche, carne y estiércol sobre todo. Tomando en cuenta que las mujeres en un 25 % del total de encuestadas sostienen que no venden la leche, que lo destina para uso y consumo propio y si lo venden, lo realizan a 2,50 bolivianos el litro.

Los ingresos por la venta de aves de corral, sobre todo las gallinas, son mínimos, debido al hecho de que las gallinas están más destinadas a los requerimientos alimenticios de las familias.

Dentro de la valoración o apreciación económica sobre los aportes que la crianza de animales proporcionó este año a las familias, en una calificación del 1 al 10; donde 1 es ningún aporte y 10, es el de mayor aporte económico, resulta el nivel de 5,5 como aporte de la crianza de animales; esperando que en el futuro alcance el nivel de 8,5 tomando en cuenta la importancia que le asignan; sobre todo, por la posibilidad de asegurarle ingresos económicos.

Dentro de la estrategia familiar para la inversión económica y de autoabastecimiento, los animales "rústicos" o "criollos" son elementos fundamentales que constituyen la originalidad del sistema de crianza pecuario familiar; estos animales adaptados a las condiciones adversas del medio y que han desarrollado características que les permiten sobrevivir y producir bajo una alimentación pobre e irregular, acompañado de condiciones climatológicas adversas durante todo el año, han logrado mantener económicamente a las familias durante muchos años.

Los animales criados bajo estas características, no requieren de instalaciones, condiciones medioambientales y sobre todo de alimentos muy costosos. Estos animales consumen desperdicios, granos, insectos, lombrices, etc. que no representa mucha inversión económica a sus dueños y hacen de ellos sus aliados imprescindibles en la estrategia de sobrevivencia.

Bajo el concepto de "incremento económico" en la producción animal, se ha llegado al engaño no sólo en lo económico, sino que también en lo zootécnico. La introducción de razas mejoradas, pensando en mejorar los niveles de producción de los animales, bajo la meta de ahorrar trabajo, sólo ha logrado hacer perder el tiempo, porque un buen animal, no se compra, se lo hace con el tiempo, lográndose animales fruto y expresión del medio ambiente, capaces de producir y cubrir demandas económicas de las familias campesinas, cuyos ingresos representan para el 26 % del total de encuestados, casi toda su renta.

5.3. Respecto a los efectos ambientales que influyen en la crianza de animales

La creencia difundida de que los animales mejorados son superiores a los animales denominados "criollos" es equivocada, porque parte de una comparación muy engañosa. La medida de la superioridad, es la forma de cómo se adaptan los animales a las condiciones en las que han de vivir. Por tanto, una raza es "superior" cuando encaja mejor en un determinado grupo simbiótico o en un sistema determinado de agricultura.

Un animal especializado para la producción es, generalmente, un animal frágil y muy sensible a las variaciones del medio ambiente, porque su especialización se ha trabajado en detrimento de su adaptabilidad al medio ambiente. Precisamente debido a esta situación, el 33, 5 % del total de encuestados no responde a la interrogante de, si considera mejor criar las llamadas "razas mejoradas", frente al 28,5 % que sostiene que dan mejores rendimientos en leche y carne y un 24 % que sostiene que son mejores.

Un animal rústico, posee cualidades maternas, aptitudes para la marcha, resistencia a cambios climáticos o enfermedades y sobre todo, la capacidad de utilizar sus reservas corporales en períodos de fuertes requerimientos nutricionales en épocas desvaforables.

El problema generado por la crianza de animales domésticos al medioambiente es evidente. La ocupación y uso del suelo en el Municipio de Chimoré, es exclusivamente para fines agrícolas y pecuarios. De las 281.700 hectáreas de superficie con las que cuenta el Municipio de Chimoré el 43,9 % de la tierra es cultivable frente a un 18,1 % que no lo es. Los principales cultivos dentro del Municipio son el banano (*Musa sapientum*), la piña (*Ananas comasus*), el palmito (*Chamaerops humilis*), la pimienta (*Piper nigrum*) y el maracuyá (*Passiflora edulis*). Los cultivos anuales de importancia son el arroz (*Oryza sativa*), la yuca (*Manihot sculenta*) y el maíz (*Zea mays*), considerados básicos para la dieta familiar y los excedentes son comercializados. Las estrategias de las familias consiste en habilitar tierras cultivables a través del chaqueo o tumba y la quema de rastrojos arbóreos.

La deforestación es el principal mecanismo de transformación de hábitats y ecosistemas. Las causas directas de esa transformación son la colonización, la expansión de la frontera agrícola, la producción o explotación maderera y los incendios forestales que son evidentes. Las causas indirectas y los procesos socioeconómicos relacionados con ellos, son menos reconocidos.

Los principales impactos ambientales de la crianza de animales no están estudiados en profundidad. Además de la conexión directa e indirecta con la tala y quema de bosques, la crianza de animales también genera otros impactos ambientales negativos; sobre todo, la ganadería que ocaciona la erosión y compactación del suelo, la construcción de caminos, la demanda creciente de madera para cercos y corrales, la contaminación del agua y el suelo por los fertilizantes sintéticos y el uso de plaguicidas. También es necesario mencionar el uso, cada vez mayor, de envases plásticos no biodegradables para muchos productos e insumos, no solo veterinarios. Frente a esta situación, es necesario resaltar las estrategias y prioridades para reducir el impacto ambiental generado por la ganadería. Los encuestados señalan que estas estrategias son, en orden de prioridad, la disminución y eliminación de la práctica del chaqueo, la introducción de sistemas agrícolas integrados como sistemas silvopastoriles y agrosilvopastoriles, dentro de la producción animal, acompañados de prácticas locales y estímulo en las reservas campesinas para el manejo integrado de la crianza de animales.

CAPÍTULO VI

BIBLIOGRAFÍA

Anasagasti, P. (1992). *Los franciscanos en Bolivia.*, La Paz, Bolivia: Editorial Don Bosco.

Andreotti, A. (2003). *Once años en el Chapare (1969 – 1980).* Cochabamba, Bolivia: Editorial Verbo Divino.

Ardaya, J. *et al.* (2004). *Evaluación ambiental complementaria sobre ganado, pasturas y manejo silvopastoril en el trópico de cochabamba.* Cochabamba, Bolivia: Development Alternatives, Inc (DAI).

Baptista, J. (1992). *Transmisión del cristianismo a través de los 500 años.* La Paz, Bolivia: 500 años, análisis y reflexión.

Barrado, A. (1946). *Las misiones franciscanas en Bolivia.* Sevilla, España: Imprenta San Antonio.

Blanes, J. (1982). *Campesino, migrante y colonizador.* Cochabamba, Bolivia: CERES.

Blanes, J. (1984). *¿Dónde va el chapare?* Cochabamba, Bolivia: CERES.

Blanes, J. (1987). *Migración, colonización y narcotráfico en Bolivia.* Cochabamba, Bolivia: CERES.

Boria, J. (1820). *Descripción de la montaña de yuracareés, por donde y como puede abrirse un camino mejor que el actual.* Cochabamba, Bolivia. En *El Heraldo*, 20-X, 11-IX y 30-XI de 1897.

Bozo, J. M. (1922). *Montaña de yuracareés 25 de mayo de 1815. Medicina popular peruana (documentos ilustrativos).* Tomo III. Lima, Perú: Imprenta Torres Aguirre.

Cardozo, A. (1954). *Los auquenidos.* La Paz, Bolivia: Centenario.

Cardozo, A. (1975). *Origen y filogenia de los camélidos sudamericanos.* La Paz, Bolivia: Academia Nacional de Ciencias de Bolivia.

Cardús, J. (1886). *Las misiones franciscanas entre los infieles de bolivia. Descripción del estado de ellas en 1883 y 1884*. Barcelona, España: Librería de la Inmaculada Concepción.

Castañeda, W. *et al*. (2002). *Diagnóstico ambiental rápido del trópico de cochabamba*. Cochabamba, Bolivia: Development Alternatives, Inc (DAI).

CIDRE (1989). *Monografía del trópico de Cochabamba*. Cochabamba, Bolivia: CIDRE.

CONIYURA (1998). *Plan de Manejo de Bosque del territorio Indígena Yuracaré*, Cochabamba, Bolivia: CERES/FTPP-CONIYURA.

Delgado, F. *et al*. (2007). *VI Maestria en Agroecología, Cultura y Desarrollo Endógeno Sostenible en Latinoamérica"*. Dossier, materia: metodología de la investigación científica. Cochabamba, Bolivia: Agroecología Universidad Cochabamba (AGRUCO).

Development Alternatives, Inc (DAI). (1998). *Proyecto para un plan ganadero de engorde en el Chapare "Anexos"*. Cochabamba, Bolivia: DAI.

D'orbigny, A. (1944). *El hombre americano*. Buenos Aires: Ed. Futuro.

D'orbigny, A. (1945). *Viaje a la América Meridional*. Tomo IV. Buenos Aires: Ed futuro.

Enriquez, P. (2002). *Cultura andina*. Puno, Perú: CARE PERU.

Ferrufino, A. 2000). *Respuesta u la fertilización en los cultivos comerciales más importantes del Trópico de Cochabamba*. Cochabamba, Bolivia: Development Alternatives, Inc (DAI).

Galleguillos, F. A. (1975). *Aspectos sociales de la colonización en Bolivia*. La Paz, Bolivia: s.d.

Gicklhorn, R. (1962/63). *Apuntes sobre los yuracareés por Tadeo Haenke de los años 1796 y 1798*. Traducción del original alemán. Cochabamba, Bolivia: s.d.

Gonzales, D. (1989). *Vocabulario de la lengua general de todo el Perú llamada Lengua Qquichua*. Lima, Perú: UMNSM.

Gorleri, H. (1996). *El Colegio de Tarata y sus Misiones. Manuscrito elaborado en agosto de 1875*. Tarata, Cochabamba, Bolivia: Convento "San José".

Guaman Poma de Ayala, Felipe. (1613) (1980). *El Primer Coróuica i Buen gobierno*. John Murra y Rolena Adomo, Editores. Mexico: Siglo Veintiuno.

Gutierrez, R. (2003). *Evaluación técnico económica del experimento silvopastoril en el Trópico de Cochabamba*. Cochabamba, Bolivia: Development Alternatives, Inc (DAI).

Grillo, E. (1990). Sociedad y Naturaleza en los Andes Tomos I y II. Lima, Perú: PRATEC

Haenke, T. (1900). *Descripción geográfica física e histórica de las montañas habitadas por la nación de indios yuracareés*. Buenos Aires, Argentina: Anales de la Biblioteca Nacional.

Haenke, T. (1915). *La noticia de la fundación de la conversión de San José del Coni, traslación de ella a las márgenes del río Chimoré*. Tarata, Cochabamba, Bolivia: Archivo de la Comisaría Franciscana de Bolivia.

Haenke, T. (1974). *Descripción geográfica, física e histórica de las montañas habitadas por la nación de indios yuracareés*. La Paz, Bolivia: Ed. los amigos del libro.

Hermosa, W. (1979). *Tribus selvícolas y misiones jesuitas y franciscanas de Bolivia*. Cochabamba, Bolivia: Ed. los Amigos del Libro.

Holten, H. (1877). *La tierra de los yuracareés y sus habitantes. (Zeitschrift für etnologie. Braunschweig)*. Cochabamba, Bolivia: s.d.

Jimenez Sardon, G. (1984). *Relaciones de género en la familia campesina. Concejo andino de manejo ecologico* (CAME).

Kelm, H. (1964). *"La costumbre del duelo de flechas entre los yuracareés. (Bolivia Oriental)"*. En Julio Ribera. Anotaciones sobre los yuracaré. Trinidad: Comision Pastoral Indigena.

Kelm, H. (1966). *Constancia y cambio cultural entre los yuracareés. (Bolivia oriental)*. En Julio Ribera. Anotaciones sobre los yuracaré. Trinidad: Comision Pastoral Indigena.

Kelm, H. (1983). *Gejagte Jäger. Die Mbía in Ostbolivien.* (Cazadores cazados. Los Mbía en el oriente de Bolivia). Frankfurt: Museum für Völkerkunde.

Kernan, B. (1998). *Environmental análisis USAID/Bolivia special objective, elimination of illicit coca from the chapare.* Quito, Ecuador: s.d.

Laserna, R. (1987). *Sociedad regional.* Cochabamba, Bolivia: CERES.

Lizárraga, P.; Orellana, R.; Valderrama, C.; Torrico, J. (1995). *Diagnóstico socio económico y ambiental del chapare.* Cochabamba, Bolivia: Consultoría Pinto Marcelo

Mather, K. (1922). *La exploración en la tierra de los yuracareés. (Bolivia oriental).* En *the geographical review,* New York XII, 42-56 pp.

Miller, L. (1983). *Los indios yuracareés de bolivia oriental.* En *the geographical review,* New York, 450-464 pp.

Nordenskiöld, E. (1910). *Mi viaje a Bolivia: 1908-1909.* Rev. Globus, braunschweig. N° 14. 213-219 pp.

Nordenskiöld, E. (1922). *Indianer und Weise in nordostbolivien. Stuttgart, strecker und schröder.* Cochabamba, Bolivia: Traducción del original alemán.

Olivera, E.; Nuñez, E. (2000). *La sanidad animal en la cosmovisión andina.* Revista Desarrollo Endógeno Compas Nro.3, julio.

Paz, S.; Suaznabar, B; Garnica, A. (1989). *"La religión Yuracaré y su proceso de transfiguración".* Universidad Mayor de San Simón. Facultad de Ciencias Económicas y Sociología. Carrera de Sociología. Cochabamba, Bolivia: Mimeo.

Paz, S. (1991). *Hombres de río, hombres de camino: relaciones interétnicas en las nacientes del río mamoré, Cochabamba,* Tesis de sociología, UMSS.

Paz, Z. (2002). Nostalgias del Chapare. Una historia verdadera. Cochabamba – Bolivia: Editorial Nacional s.r.l.

Pierini, F. (1912). *Un capítulo de historia yuracareé.* En *archivo de la comisaría franciscana de Bolivia* No.37 (1912), 24-28, 74-79 pp.

Pierini, F. (1914). *Breve relación de los más notables padres de este apostólico Colegio de Tarata*. En *Archivo de la Comisaría Franciscana de Bolivia*. Año VII. N° 66. 178-181 pp.

Pierini, F. (1914). *Anotaciones sobre el Colegio de Tarata*. En *Archivo de la Comisaría Franciscana de Bolivia*. Sección colegios. Año VI. N° 69. 257-261 pp.

Pierini, F. (1915). *Anotaciones sobre el Colegio de Tarata*. En *Archivo de la Comisaría Franciscana de Bolivia*. Año VII. N° 73. 10-13 pp.

Jatun Sacha, FAO (2005). *Informe de gestión ambiental en el área de acción de los proyectos del desarrollo alternativo*. Cochabamba, Bolivia: JATUN SACHA FAO.

Posnansky, M. (1982). *Los efectos sobre la ecología del altiplano la introducción de animales y cultivos españoles*. Cochabamba, Bolivia: Centro Portales.

Prefectura y Comandancia General del Departamento de Cochabamba. (1.999). *Plan General multietnico de desarrollo economico y social de los pueblos indigenas del Trópico de Cochabamba - (PGDI)*. Cochabamba, Bolivia: Programa de Apoyo a Pueblos y Comunidades Indígenas del Trópico de Cochabamba (PAPCITC), (IP/GTZ).

PRIDESAMA (2005). *Plan de Desarrollo Municipal de Chimoré (PDM) 2006 – 2010*. Chimoré, Cochabamba, Bolivia: s.d.

Price, E. O. (2002). *Animal domestication and behavior*. Cabi publishing is a división of cab international. New York, USA: s.d.

Ramirez, E. (1998). *Las reducciones franciscanas entre los Yuracareés (1773-1823)*. Tésis de grado para optar el título de licenciatura en Teología. UCB, Cochabamba, Bolivia.

RED ADA (Red Nacional de Trabajadoras de la Información y Comunicación). (2003). *Diagnóstico de relaciones de género en el trópico de cochabamba*. Agencia Española de Cooperación Internacional (AECI).

Rieger, E.; Cassab, S. A. (2.000). *Estudio de ganadería de leche, carne y porcinos*. Cochabamba, Bolivia: Consultoría Development Alternatives, Inc (DAI).

Ribera, R. J. (1983). *Un estudio de la situación actual de la etnia.* Cochabamba, Bolivia: Universidad Católica Boliviana.

Ribera, R. J. (1988ᵃ). *Mitología yuracareé.* En *la palabra del beni,* Trinidad, 19 de julio.

Ribera, R. J. (1988b). *Los duelos de flecha entre los yuracareés.* En *la palabra del Beni,* Trinidad.

Ribera, R. J. (1988c). *Yuracaree = dueño, poseedor.* En *la palabra del Beni,* Trinidad, 6 de septiembre.

Rivera, A. (1991). *¿Qué sabemos del chapare?* Cochabamba, Bolivia: CERES.

Rocha, J.A. (2007). Dossier "VI maestria en Agroecología, Cultura y Desarrollo Endógeno Sostenible en Latinoamérica". Modulo II: Desarrollo Endógeno Sostenible. Materia: fundamentos a la evolución del pensamiento en la relación sociedad-naturaleza: perspectiva antropológica: AGRUCO-UMSS.

Rodríguez, G. (1997). *Historia del trópico cochabambino 1768 – 1972.* Cochabamba, Bolivia: Prefectura del departamento de Cochabamba.

Rushton, J. *et al.* (2001). *Estudio de la enfermedades animales en el chapare.* Cochabamba, Bolivia: Development Alternatives, Inc (DAI).

Salas, M. y Tillman, H. (2004). *Manual de Técnicas de Investigación Particivativa.* Documento inédito de uso interno en el marco de la VI. Version de la Maestria en "Agroecologia, Cultura y Desarrollo Endógeno Sostenible en Latinoamerica". Cochabamba, Bolivia: AGRUCO.

Sciaroni, J.L. (2001). *Diagnostico de los tipos de ganado existentes en el subtrópico de Cochabamba.* Cochabamba, Bolivia: Development Alternatives, Inc (DAI).

Tamames, R. (1995). *Ecología y desarrollo sostenible.* Madrid, España: Alianza Editorial.

Troll, C.; Brush, S. (1987). *El eco-sistema andino.* La Paz, Bolivia: Hisbol.

Valcanover, M. (1996). *El Colegio de Tarata y sus misiones, manuscrito elaborado en agosto de 1870*. Tarata, Cochabamba, Bolivia: Convento de "San José".

Valladolid, J. (1993). *Agricultura andina: La crianza de la heterogeneidad el la vida en la chacra*. Lima, Perú: PRATEC.

Van Kessel, J. y Enríquez, P. (2002). *Señas y señaleros de la madre tierra: Agronomía andina*; Abya Yala – IECTA; Quito-Iquique.

Van Kessel, J. (1991). *Ritual de producción y discurso tecnológico andino*. Puno, Perú: CIDSA.

Viajeros antiguos (2010). *1948: expedición de thor heyerdahl (kon-tiki)*. Disponible en: http://globalizacionprehistorica2.blogspot.com/2010/02/1948-expedicion-de-thor heyerdahl-kon.html

Viceministerio de Desarrollo Alternativo (VIMDESALT) (1.999). *Educación ambiental para el trópico de cochabamba*. Cochabmaba, Bolivia: Proyecto "Jatun Sach'a".

Viedma, F. (1969). *Descripción geográfica y estadística de la provincia de Santa Cruz*. 3ª ed. Cochabamba, Bolivia: Ed. los Amigos del Libro.

Van't Hooft, K. (2003). *Gracias a los animales*. La Paz, Bolivia: Plural.

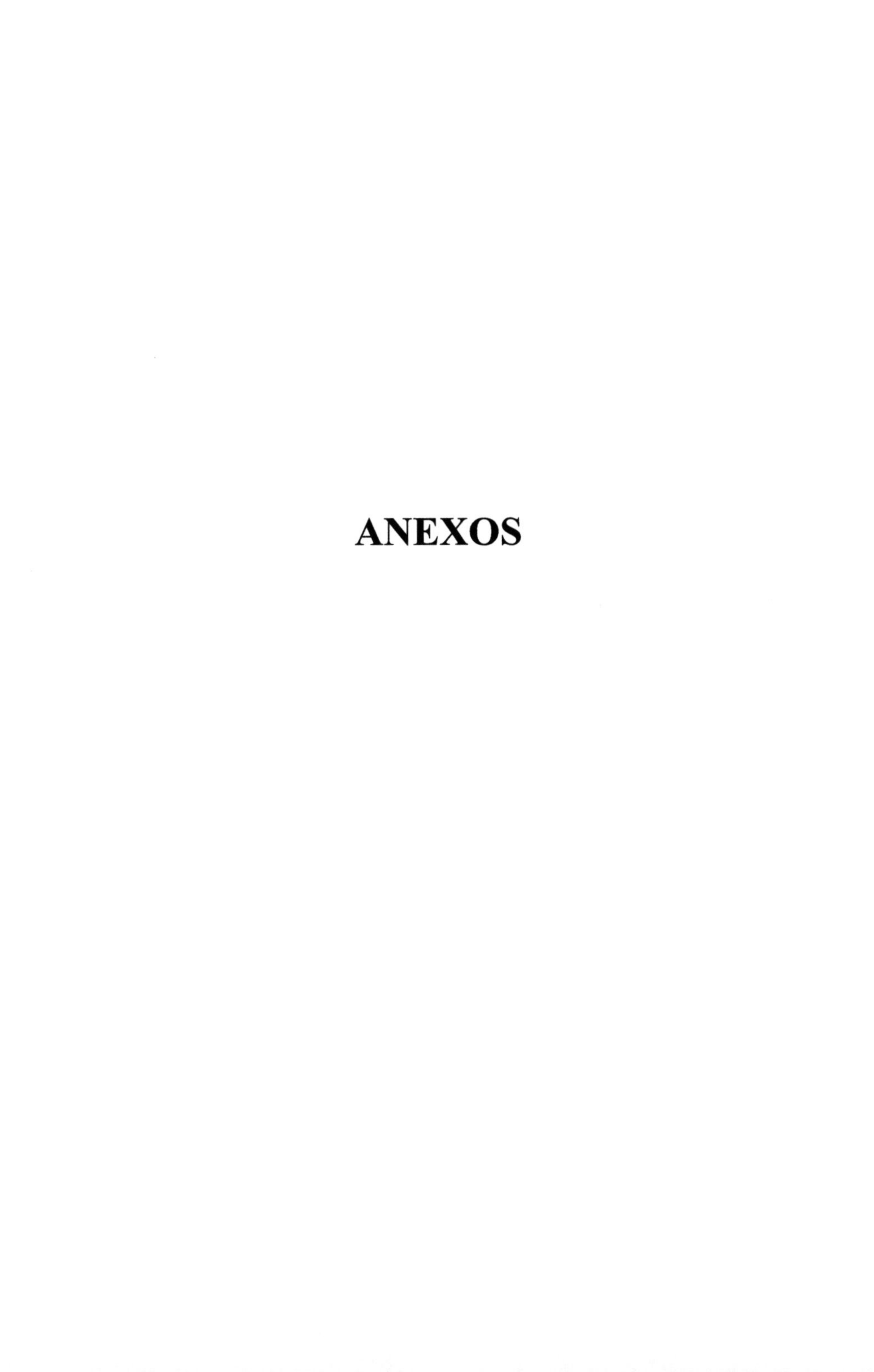

ANEXOS

Bolivia
MAPA POLITICO

■ CAPITAL DEPARTAMENTAL

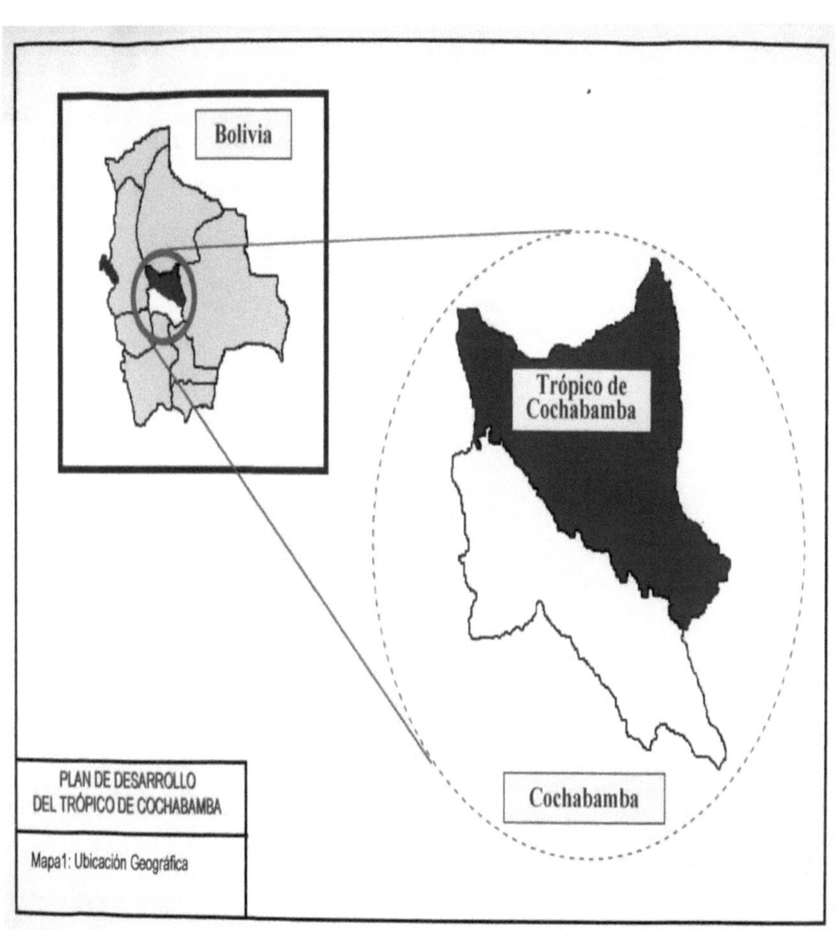

Bolivia
Trópico de
Cochabamba
Cochabamba
PLAN DE DESARROLLO
DEL TRÓPICO DE COCHABAMBA
Mapa1: Ubicación Geográfica

HONORABLE GOBIERNO MUNICIPAL DE CHIMORÉ

PLAN MUNICIPAL DE ORDENAMIENTO TERRITORIAL

MAPA BASE POLITICO ADMINISTRATIVO

Enero, 2005

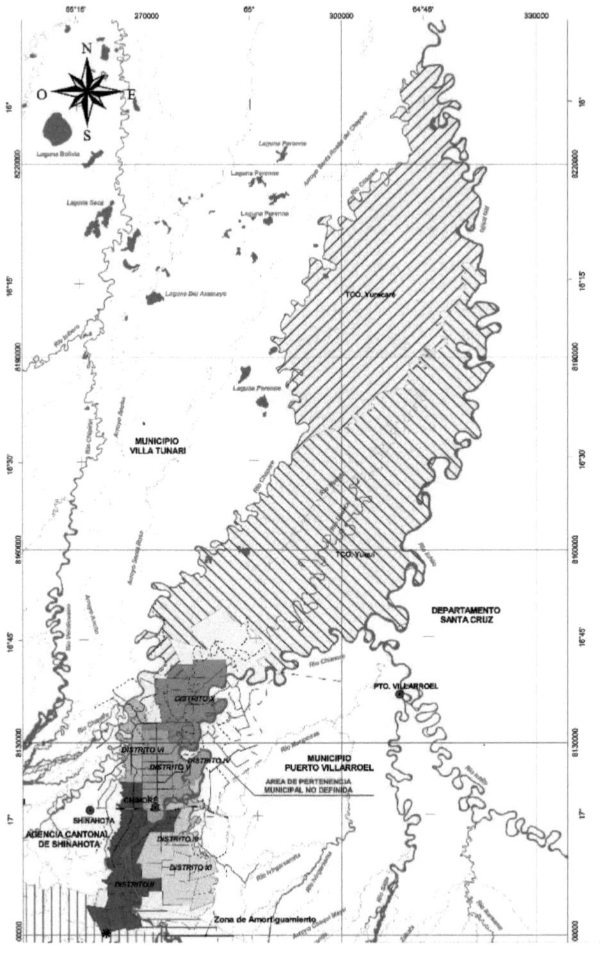

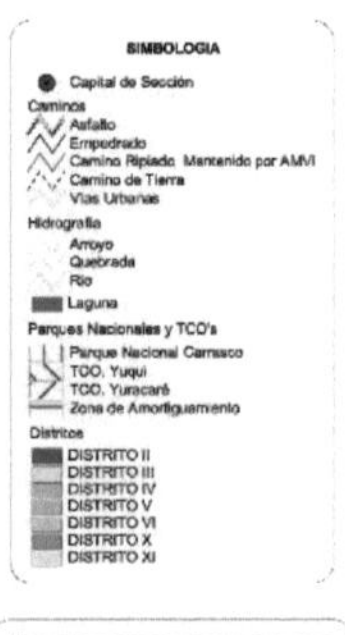

CROQUIS DEL MUNICIPIO DE CHIMORÉ

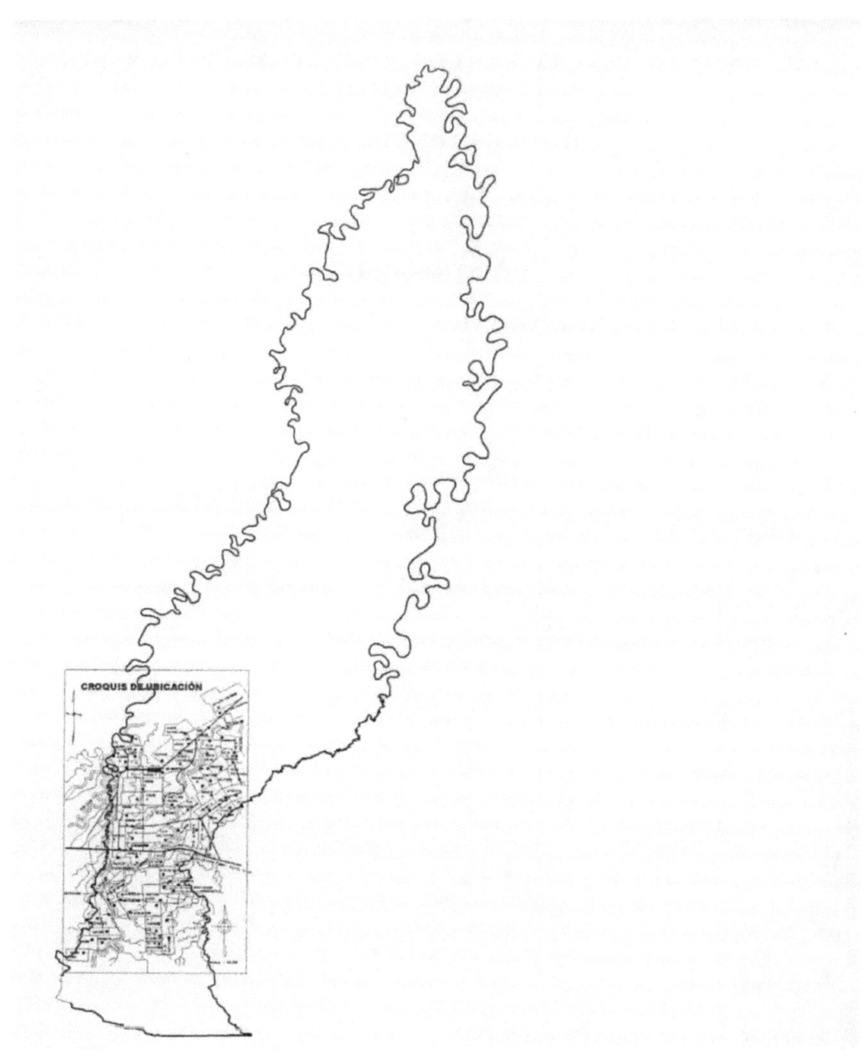

Ing. Cidar F. Pinaya Céspedes
       Trabajo de Posgrado
<u>Chimore - Cochabamba - Bolivia</u>

EFECTOS SOCIOCULTURALES, ECONOMICOS Y AMBIENTALES DE LA CRIANZA DE ANIMALES

MUNICIPIO DE CHIMORE

Realizado por: ………………………………………………………………………..
Lugar y Fecha: ………………………………………………………………………

<u>CUESTIONARIO</u>

I.   DATOS DEL ENTREVISTADO

1. Nombre completo: …………………………………………………………………

2. Lugar y Fecha de nacimiento: ……………………………………………………..

3. Sexo: ☐ masculino   ☐ Femenino

4. Edad: ………………….años.

5. Nivel de instrucción: ☐ primaria ☐ secundaria ☐ superior

6. Idiomas que habla: (en orden, empezando del idioma materno como 1 y al 3)

	1.	2.	3.
Castellano	☐	☐	☐
Quechua	☐	☐	☐
Aymará	☐	☐	☐
Guaraní	☐	☐	☐
Otro	☐	☐	☐

7. Estado civil:

8. Número de miembros de la familia:

9. ¿En que lugar se encuentra su propiedad?

       Distrito: ……………………………………………..

       Comunidad: ……………………………………….

II.   PREGUNTAS SOCIOCULTURALES

10. ¿Que función desempeña dentro de la comunidad?

………………………………………………………………………………………………

11. ¿Cuál es su religión?:

Católica ☐

Evangélica ☐

    Otra: ………………………………………

12. ¿Practica Ud. algunos rituales, tales como la Ch`alla u otras ofrendas? ¿Cuáles?

………………………………………………………………………………………………

………………………………………………………………………………………………

13. Que significación tiene para Ud. la Pachamama?

………………………………………………………………………………………………

………………………………………………………………………………………………

14. ¿Piensa Ud. que los animales tienen "alma"?

………………………………………………………………………………………………

………………………………………………………………………………………………

15. ¿Cuál es su celebración o fiesta preferida y porque?

………………………………………………………………………………………………

………………………………………………………………………………………………

16. ¿Con respecto a las tradiciones culturales o costumbres, cuales son las que practica para cuidar a sus animales, o en que practicas rituales se involucran a sus animales?

………………………………………………………………………………………………

………………………………………………………………………………………………

17. ¿Considera Ud. que gracias a las prácticas rituales que realiza, le va mejor en la actividad de la crianza de animales?

………………………………………………………………………………………………

………………………………………………………………………………………………

18. ¿Puede describir los usos y costumbres que realiza en relación a sus animales?

....

....

....

....

19. En la crianza de sus animales Ud. utiliza: (enumerar en orden de importancia del 1 al 4; donde 1, es la actividad que más utiliza o realiza y 4, la menos)

- [ ] Conocimientos heredados de los padres

- [ ] Prácticas de tratamiento de enfermedades con plantas

- [ ] Se rige por rituales y creencias

- [ ] Medicamentos y/o productos veterinarios (veterinaria convencional)

20. ¿Considera que los proyectos de crianza de animales por ONGs, instituciones privadas o del Estado, están más dirigidas a los hombres que a las mujeres?

- [ ] Hombres

- [ ] Mujeres

¿Porque? ....

....

21. ¿Los técnicos de ONGs, instituciones privadas o del Estado, son los que deciden la forma de criar a sus animales?

[ ] SI   [ ] NO

22. ¿Piensa Ud. que la crianza de sus animales sería mejor si se basara o apoyara en practicas y conocimientos locales propios?

[ ] SI   [ ] NO

23. ¿Qué tiempo dedica Ud. a la crianza de sus animales y a la agricultura? En porcentajes:

Animales: .... %	
Agricultura: .... %	
TOTAL:	**1 0 0 %**

24. La forma de crianza de sus animales dentro de su propiedad es de tipo:

☐ Familiar   ☐ Comercial

25. ¿Practica Ud. la etnoveterinaria? (tratamiento de las enfermedades de los animales en base a conocimientos locales y propios).

☐ SI   ☐ NO

26. ¿Existen promotores en sanidad animal en la zona o sindicato?

☐ SI   ☐ NO

27. ¿Cuáles son las enfermedades más comunes en sus animales?

Especie	Enfermedades
Bovinos	
Porcinos	
Aves	

28. ¿Generalmente, como cura a sus animales? (enumerar en orden de importancia del 1 al 3; donde 1, es la manera que más emplea para curar a sus animales y 3, la menos)

☐ Etnoveterinaria (empleo de conocimientos locales o propios)

☐ Veterinaria convencional (uso de medicamentos y/o productos veterinarios)

☐ No hace nada

29. ¿Dentro de una calificación del 1 al 10, como califica el hecho de que, la comunidad se beneficia por la crianza de animales o de ganado?

Donde:
1: Ningún beneficio para la comunidad
10: Buen (alto) beneficio para la comunidad

30. ¿Su actividad de crianza de animales o ganado, considera la salud pública de la comunidad?

Donde:
1: Ningún apoyo a la salud pública
10: Alto apoyo a la salud pública

31. ¿La crianza de animales, apoya la educación y formación de los niños?

Donde:
1: No apoya a la educación y formación de los niños
10: Alto apoyo a la educación y formación de los niños

32. ¿Cómo juzgaría Ud. la situación de las actividades de su esposa e hijos dentro de la crianza de animales o ganado?

Donde:
1: Ninguna participación de la esposa e hijos
10: Alta participación de la esposa e hijos

33. ¿Qué papel o tarea desempeñan los miembros de su familia en la crianza de animales o ganado? Especificar

Varones: ....
Mujeres: ....
Niños: ....

III.   PREGUNTAS ECONOMICAS

34. ¿Cuánto de su renta proviene de la crianza de animales o ganado?

☐ Todo   ☐ casi todo   ☐ la mayoría

☐ La mitad   ☐ la minoría   ☐ poco

☐ Nada

35. ¿Cómo adquirió o llego a ser propietario de sus animales? (lo compró, lo heredó)

☐ Lo heredo   ☐ lo compro   ☐ otro. Que?: ………………..

36. ¿Hace cuanto tiempo se dedica a la crianza de animales?
…………………………………………………………………………………………………

37. ¿Quién toma las decisiones acerca del manejo de sus animales?7

☐ El hombre   ☐ la mujer

38. ¿Qué tipo de ganado cría?

☐ Leche   ☐ carne   ☐ doble propósito

39. ¿Cuantos animales tiene o cría?

Caballos:
Burros:
Vacas:
Ovejas:
Cerdos:
Gallinas:
Patos:
Gansos:
Otros. Especificar y mencionar las cantidades que cría: ……………………………………
…………………………………………………………………………………………………

40. ¿Trabaja Ud. en colaboración con alguna institución u ONG? (mencionar a la institución u ONG)
…………………………………………………………………………………………………
…………………………………………………………………………………………………

41. ¿Cuales son los otros productos de sus animales que utiliza o vende?

Leche y derivados para consumo propio y venta ☐

Carne ☐

Estiércol o guano ☐

Cuero ☐

Otro. ☐   Especificar………:……………………………………………………………………………

42. ¿Existe para sus animales o ganado un Plan de Manejo?

☐ SI   ☐ NO

43. Como era la crianza de animales en la comunidad, o en su caso, hace

10 años atrás: ……………………………………………………………………………………………

3 años atrás: ……………………………………………………………………………………………

44. ¿Como desearía que fuera la crianza de sus animales dentro de 10 años?
………
………
………

45. ¿Dentro de una calificación del 1 al 10, como califica Ud. el manejo de sus animales o ganado?

Donde:
1: Mala o baja práctica de manejo
10: Buena práctica manejo

46. ¿Dentro de una calificación del 1 al 10, como juzga Ud. los derechos de uso y propiedad de sus tierras?

Donde:
1: Inseguridad sobre derechos propietarios sobre la tierra
10: Alta seguridad sobre derechos propietarios sobre la tierra

47. ¿Cuales han sido los cambios tecnológicos en el manejo de sus animales o ganado en los últimos años?: (enumerar el orden de introducción de los cambios tecnológicos del 1 al 4; donde 1, es el primer cambio tecnológico y 4, el ultimo)

☐ Praderas mejoradas

☐ Introducción de cercos

☐ Introducción de razas mejoradas

☐ Vacunaciones periódicas del ganado

Otros: ....

....

48. ¿Para criar mejor a sus animales donde recurre Ud.?

☐ ONG   ☐ Asociaciones locale☐   Profesional/técnico particular

Otro. Especificar: ....

49. Los proyectos de crianza de animales de ONGs, instituciones privadas o del Estado, incrementan sus ingresos económicos y la alimentación de su familia?

☐ SI   ☐ NO

50. ¿Considera mejor criar las llamadas "razas mejoradas"

☐ SI   ☐ NO

¿Por qué?: ....

....

51. ¿Qué factores considera Ud. que limita la actividad de la crianza de sus animales?

☐ Poca o nada de asistencia técnica   ☐ Poca tierra

☐ Infraestructura (corrales, cercos, mangas, etc.) deficientes

Otros. Especificar: ………………………………………………………………………………

52. ¿Invierte en su ganado para mejorar sus ganancias?

☐ SI   ☐ NO

Si invierte, ¿Cómo?: ………………………………………………………………………………

53. ¿Como califica los aportes o beneficios económicos del ganado dentro de su economía familiar?

Hace 10 años:

Hace 3 años:

Este año:

Proyección a futuro:

Donde 1: Ningún aporte o beneficio dentro de la economía familiar
       10: Alto o mucho aporte o beneficio a la economía familiar

54. ¿Cómo es la organización de su chaco? En porcentajes:

% agricultura	
% ganadería	
% forestal	
% servidumbre ecológica	
TOTAL	**100 %**

55. ¿Donde vende o comercializa sus animales o ganado?

Mercado local   ☐

Mercado regional   ☐

Otro. Especificar: …………………………………………….......................................

56. ¿A que edad o peso vivo vende sus animales o ganado?

Edad………………………… Peso vivo aproximado del ganado: ………………Kg
Edad………………………… Peso vivo aproximado del cerdo: ………………..Kg
Edad………………………… Peso vivo aproximado de la oveja: ………………Kg

57. ¿Existe en su comunidad o distrito matadero? Si es que existe, especificar como es:
…………………………………………………………………………………………

58. ¿A cuanto vende el litro de leche de vaca?
…………………………………………………………………………………………..

59. ¿A cuanto vende el kilo de carne de:

Vaca: …………………………….Bs.-
Cerdo:……………………………Bs.-
Pollo: …………………………….Bs.-

60. Quisiéramos saber cual es la cosa más importante para Ud. en el manejo de sus animales o ganado. Tiene 14 rayitas a su disposición para repartirlas de acuerdo a la importancia que tienen los diferentes sectores. Si piensa que el manejo de sus animales o ganado, en todos los sectores tienen la misma importancia, cada sector recibirá en cada caso 2 rayitas; si no, tan solo recibirá una rayita:

Asegurar el buen negocio	
Buena practica de manejo	
Protección del suelo y recurso agua	
Protección de la biodiversidad	
Habilitar nuevas tierras para el ganado	
Construcción de infraestructura animal	
Establecimiento de sistema silvopastoril	

IV: PREGUNTAS AMBIENTALES

61. ¿A cuanto asciende la carga animal (ganado) por hectárea dentro de su propiedad?
....

62. ¿Qué tipo de vegetación existe en su propiedad? (Natural o introducida) Mencione si conoce:
....
....

63. ¿La extensión de la frontera agrícola, esto es el uso de terreno o los bosques para agricultura y ganadería como era hace:

10 años atrás:

3 años atrás:

Como será en el futuro (proyección)

Donde 1: Nada de avance de la frontera agrícola
        10: Alto avance de la frontera agrícola

64. ¿Realiza la practica del chaqueo para ampliar los espacios para su ganado o animales? Especificar en que meses del año:
....
....
....

65. ¿Qué tipo de animales silvestres o de bosque existen cerca de su propiedad? Mencione en orden de importancia:
....
....
....

66. ¿Que animales silvestres o de bosque utiliza para fines de alimentación o venta? Mencione en orden de importancia:
....
....
....

67. ¿Qué animales son los que frecuentemente caza y pesca? Mencione en orden de importancia:
....
....

68. ¿Con que frecuencia recurre a la pesca o caza de animales silvestres?

1 por semana ☐

1 por mes ☐

Otro. Especificar: ....

69. ¿Qué productos o subproductos de animales silvestres o de bosque, utiliza como remedios contra enfermedades humanas y como los aplica?
....
....
....

70. ¿Cómo considera Ud. el ecosistema afectado por la actividad ganadera en su zona/Sindicato?

☐ Demasiado   ☐ Poco   ☐ Casi nada

71. ¿Cuales considera Ud. que son los principales impactos ambientales causados por la actividad ganadera en su zona/Sindicato? En orden del 1 al 7. Donde 1 es el nivel de menor impacto y 7 el nivel de mayor impacto.

☐ Tala y quema de bosques

☐ Apertura de vías ganaderas

☐ Practica del monocultivo y gramíneas

☐ Control químico de la vegetación

☐ Instalación y reparación de cercos y corrales

☐ Ampliación de la frontera agrícola

☐ Uso indiscriminado de medicamentos

72. ¿Cuáles considera como estrategias y prioridades para reducir el impacto negativo sobre el medio ambiente de la actividad ganadera en su zona/sindicato? Coloque los números de niveles de prioridad. Los niveles de prioridad son: 1 = urgente; 2 = importante; 3 = deseable.

☐ Reducción de la frontera agrícola

☐ Estímulo a las reservas campesinas

☐ Disminución y eliminación de la práctica del chaqueo

☐ Introducción de sistemas agrícolas integrales (agricultura, forestación y ganadería)

☐ Restauración ecológica de áreas degradadas

☐ Manejo rotativo del ganado

☐ Reemplazo de herbicidas por practicas locales en el control físico de la vegetación

☐ Reducción del uso de plaguicidas y reemplazo por control biológico

Municipio de Chimore, Agosto de 2008

yes
I want morebooks!

Buy your books fast and straightforward online - at one of world's fastest growing online book stores! Environmentally sound due to Print-on-Demand technologies.

Buy your books online at
www.morebooks.shop

¡Compre sus libros rápido y directo en internet, en una de las librerías en línea con mayor crecimiento en el mundo! Producción que protege el medio ambiente a través de las tecnologías de impresión bajo demanda.

Compre sus libros online en
www.morebooks.shop

Printed by Books on Demand GmbH, Norderstedt / Germany